职业教育“十三五”规划教材

印前图像处理实训教程

张　民　张秀娟　主　编
张文君　周月峡　副主编
李　聪　文倩瑶　参　编

中国轻工业出版社

图书在版编目（CIP）数据

印前图像处理实训教程/张民，张秀娟主编. —北京：中国轻工业出版社，2017.6

职业教育“十三五”规划教材

ISBN 978-7-5184-1381-2

Ⅰ.①印… Ⅱ.①张… ②张… Ⅲ.①印前处理—图像处理—职业教育—教材 Ⅳ.①TS803.1

中国版本图书馆 CIP 数据核字（2017）第091557号

责任编辑：杜宇芳
策划编辑：林 媛 杜宇芳　　责任终审：劳国强　　封面设计：锋尚设计
版式设计：锋尚设计　　责任校对：燕 杰　　责任监印：张 可

出版发行：中国轻工业出版社（北京东长安街6号，邮编：100740）
印　　刷：三河市万龙印装有限公司
经　　销：各地新华书店
版　　次：2017年6月第1版第1次印刷
开　　本：787×1092　1/16　印张：12.75
字　　数：290千字
书　　号：ISBN 978-7-5184-1381-2　定价：39.00元
邮购电话：010-65241695　传真：65128352
发行电话：010-85119835　85119793　传真：85113293
网　　址：http://www.chlip.com.cn
Email：club@chlip.com.cn
如发现图书残缺请直接与我社邮购联系调换
141358J3X101ZBW

前　言

Photoshop、CorelDRAW、Indesign 是目前流行的印前设计、制作常用软件。它们是图像处理、矢量图形和图像编辑软件、设计制作软件，是设计和制作人员的最佳搭挡。熟练使用它们是设计和制作人员必备的技能。许多平面设计师对设计制作时要考虑的制版、印刷实际要求所知很少。如网点扩大、图像校准 CMYK 模式等。

本书共三个模块，既讲解实例任务制作，又结合了印刷生产的实际。使用三个不同的软件，通过实例任务教学进行编写。涵盖了印前制作常用的操作知识与技能，以任务为导向，把枯燥的知识渗透到有趣的任务制作中，使学生在充满趣味性的学习过程中掌握实用的设计与制作技能。学生在完成实例的同时，训练和提高专业技能，加深对相应知识点的理解、巩固专业技能的目的。学习者既能够掌握印前设计制作的技能，也能够掌握印刷的实际要求。通过技能训练的形式开展教学，使学生学到企业所要求的技能，达到“零距离”上岗的目的。

本书的编者均为职业学校一线教师，具有丰富的教学和教材编写经验。本书理论和实践相结合，内容充实，语言通俗，既可作为高等职业学校、中等职业学校各相关专业的设计和制作课程的教材，也可供设计和制作学习者参考。

目　录

模块一　CorelDRAW 篇

项目一　设计制作标志——绘制图形和填充颜色

项目二　设计制作 POP 广告——绘制和编辑曲线

设计制作封面——编辑文本和图像处理

模块二 InDesign 篇

项目四

设计制作书籍插画——绘制编辑图形

项目五

设计制作宣传页——色彩知识的综合应用

项目六 设计制作新年贺卡——图像效果知识综合应用

模块三 Photoshop 篇

项目七 设计制作名片——Photoshop 基础知识与基本选择工具

项目八 日历制作——Photoshop 图层知识的综合应用

项目九 海报设计与制作——Photoshop 综合知识的应用

模 块 一

CorelDRAW篇

项目一 设计制作标志——绘制图形和填充颜色

任务参考效果图〉〉

能力目标

1. 掌握使用 CorelDRAW X5 基本图形工具和基本形状工具绘制及编辑图形的方法。
2. 掌握使用 CorelDRAW X5 路径绘制及编辑图形的方法。
3. 能设计制作各种类型的标志。

软件知识目标

1. 掌握绘制基本图形的方法。
2. 掌握绘制路径的方法。
3. 掌握如何对图形、路径进行基本的编辑。

专业知识目标

1. 了解在 CorelDRAW X5 中基本图形、绘制路径涵盖的内容。
2. 熟悉基本图形工具与贝塞尔工具的用法。
3. 对绘制的图形能根据要求进行编辑。
4. 掌握软件中路径的相关知识。

课时安排

4 节课（讲 2 课时，实践 2 课时）

模拟制作任务 2 课时

任务一 设计制作标志

任务背景

为某房产中介公司设计一个公司标志。

任务要求

标志的设计要求传达信息一目了然，同时突出本公司特点。

任务分析

标志由图形和文字两部分构成，图形不需要太复杂，简单明了突出要传达的信息。所有图形和文字需要在 CorelDRAW 中制作。

本案例的难点

操作步骤详解

创建新文档

（1）双击 CorelDRAW X5 启动图标，启动 CorelDRAW X5，第一次启动软件时，软件会自动打开“欢迎屏幕”，如图 1－1 所示。

（2）单击“欢迎屏幕”右侧的“新建空白文档”选项，软件将在关闭“欢迎屏幕”的同时新建一个默认尺寸（210mm×297mm）的空白文件，页面方向为纵向，文件名称为“房产中介公司标志”。

绘制四叶草图形

（3）单击工具箱中的【矩形】，在页面中绘制一个 60mm×60mm 的正方形，如图 1－2 所示。

（4）单击工具箱中的【椭圆】，绘制一个直径为 30mm 的正圆。放在正方形的上边，然后右键拖动并单击此正圆，复制一个正圆放在正方形的左边，如图 1－3 所示。

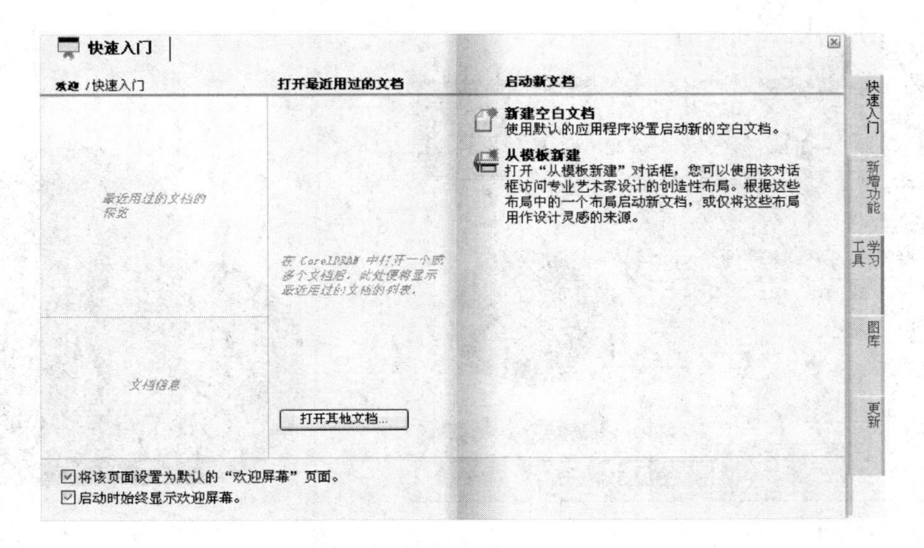

图 1－1

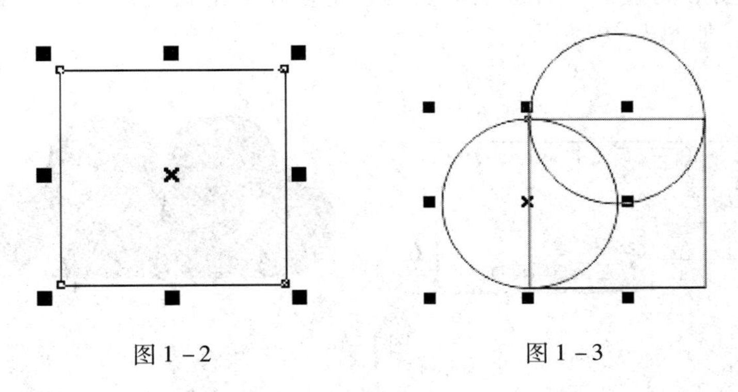

图 1－2　　图 1－3

（5）选中三个图形，执行【合并】命令，如图 1－4 所示。

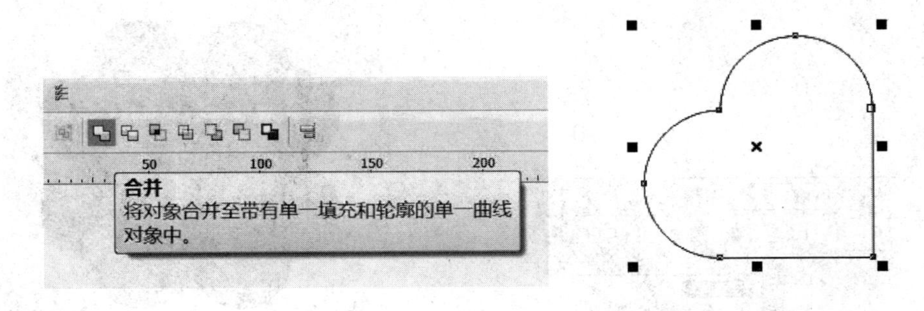

图 1－4

（6）打开【渐变填充】，设置从深绿到浅绿的双色填充，填充类型为辐射，如图 1－5 所示。

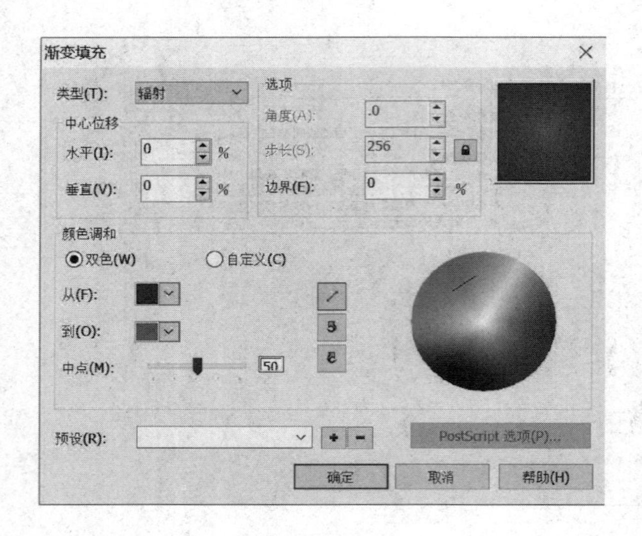

图 1－5

（7）去除图形的边框，右键拖动复制一个，并单击属性栏的“水平镜像”按钮，排列对齐图形，如图 1－6 所示。

图 1－6

（8）选中两个图形，复制并执行“垂直镜像”命令，如图 1－7 所示。

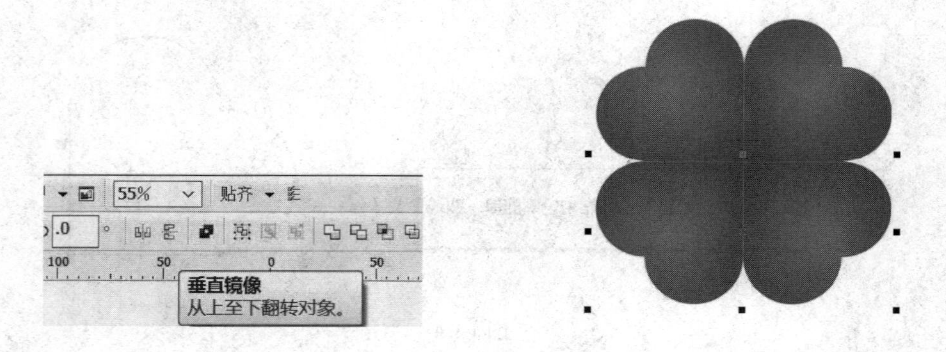

图 1－7

绘制房子图形

（9）单击工具箱中的【箭头形状工具】，绘制一个向上的箭头，如图 1－8 所示。

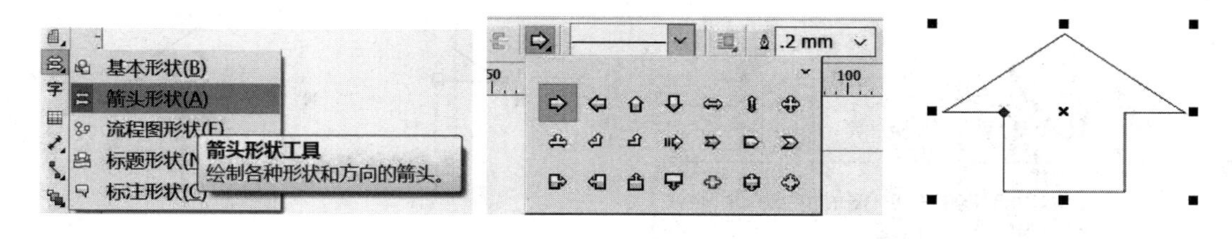

图 1－8

（10）单击工具箱中的【矩形工具】，在页面上绘制一个矩形，如图 1－9 所示。

（11）单击属性栏上的锁形图案，使其为开启状态，然后将矩形的下方两个角设置成 15°的圆角，如图 1－10 所示。

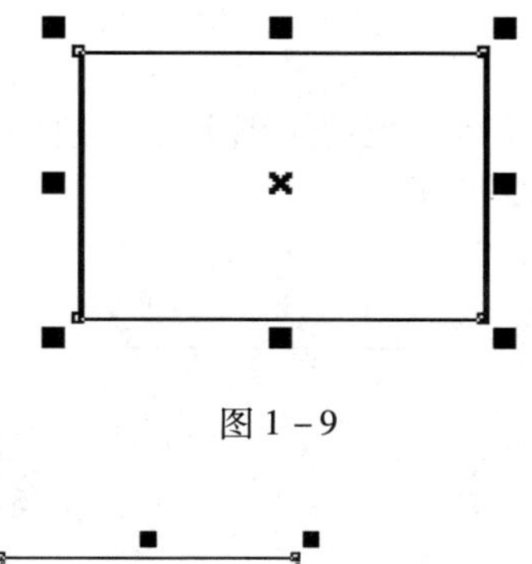

图 1－9

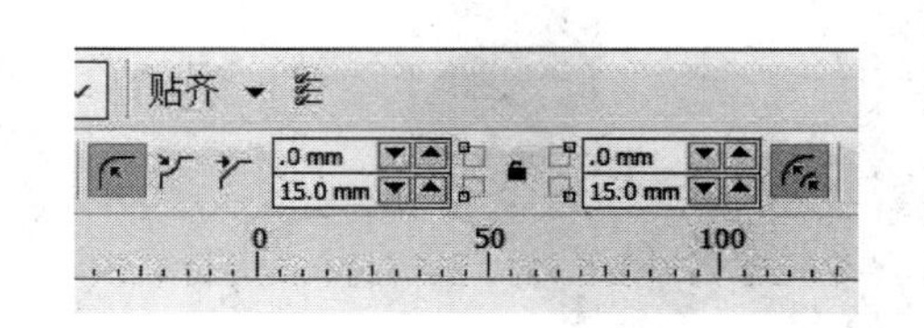

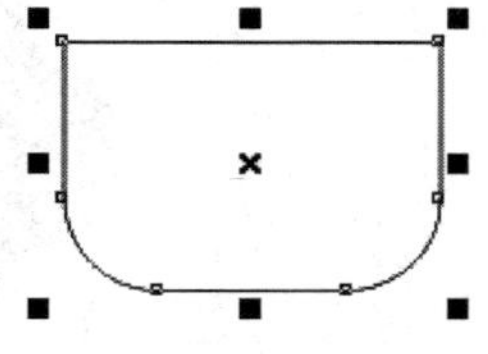

图 1－10

（12）将绘制好的圆角矩形和箭头形状重叠放置，如图 1－11 所示。

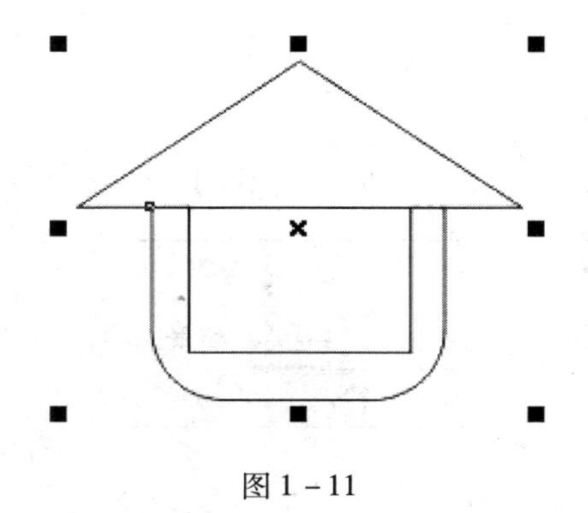

图 1－11

（13）框选两个对象，单击属性栏上的“合并”按钮，将两个图形合并成一个，如

图 1 - 12 所示。

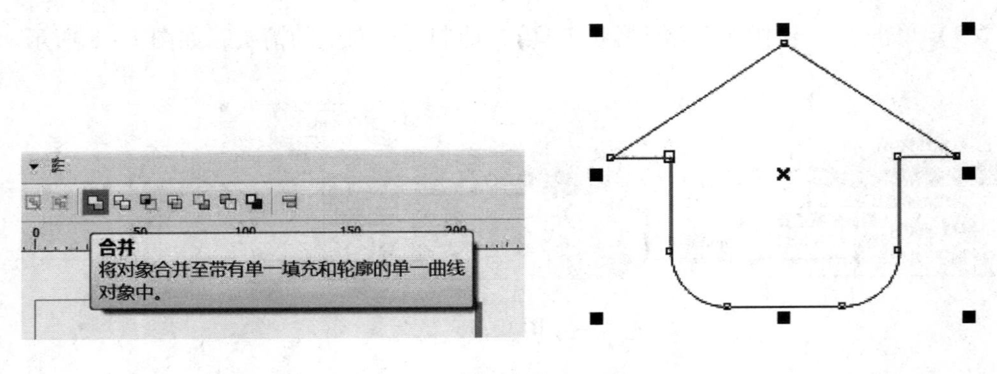

图 1 - 12

（14）把房子图形移动到四叶草图形的中心，给房子填充白色并去除边线，如图 1 - 13 所示。

图 1 - 13

（15）单击工具箱中的【表格工具】，绘制一个 2 行 2 列的表格，如图 1 - 14 所示。

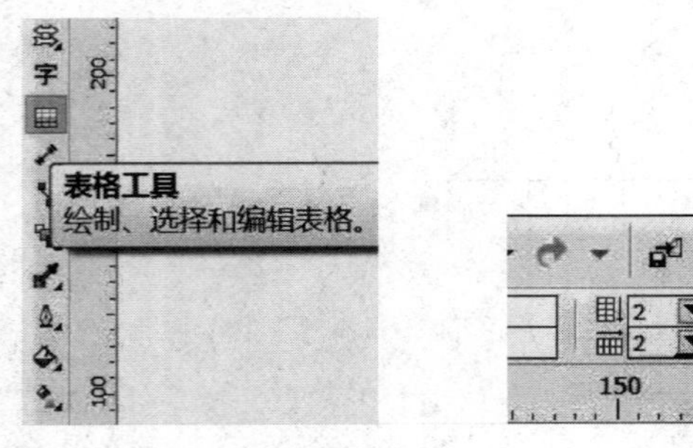

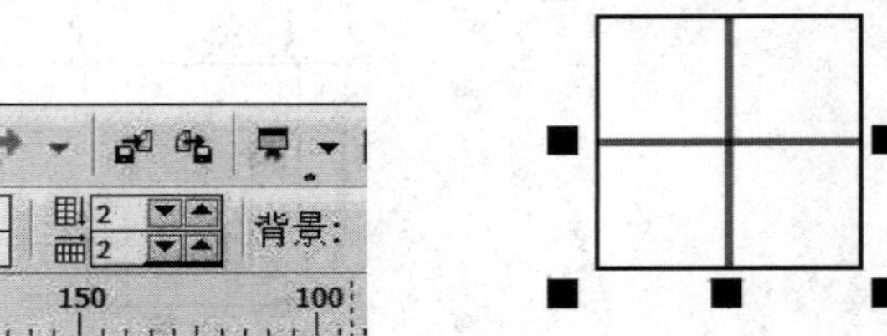

图 1 - 14

（16）使用【填充工具】给表格填充橘色，如图 1－15 所示。

（17）将表格的边线设置成白色，放置到合适位置，如图 1－16 所示。

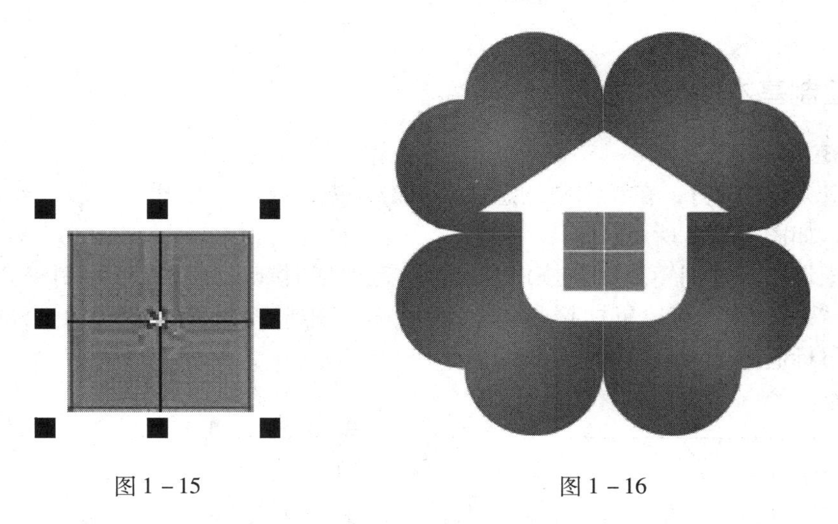

图 1－15　　　　图 1－16

（18）使用【文字工具】在图形下方添加文字效果，如图 1－17 所示。

图 1－17

知识点扩展

1 绘制基本图形

（1）矩形

选择【矩形工具】，在视图中任意位置单击并进行拖动，松开鼠标后，即可完成矩形的绘制，如图 1－18 所示。

使用矩形工具绘制矩形时，按住“Shift”键的同时拖曳鼠标，可绘制一个正方形；如果按住“Alt”键，将以鼠标起点位置为中心绘制矩形；如果按住“Alt + Shift”组合键，将以鼠标起点为中心绘制正方形。

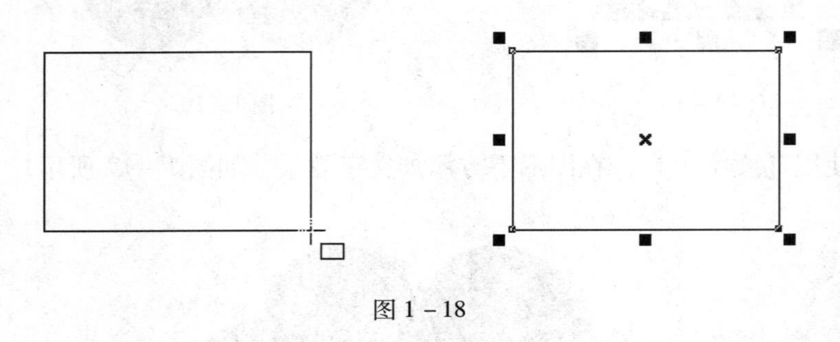

图 1－18

（2）圆角矩形

选择【矩形工具】，单击属性栏中的“圆角”按钮，在属性栏中设置“圆角半径”参数，然后在视图中单击并拖动，即可绘制出圆角矩形，如图 1－19 所示。

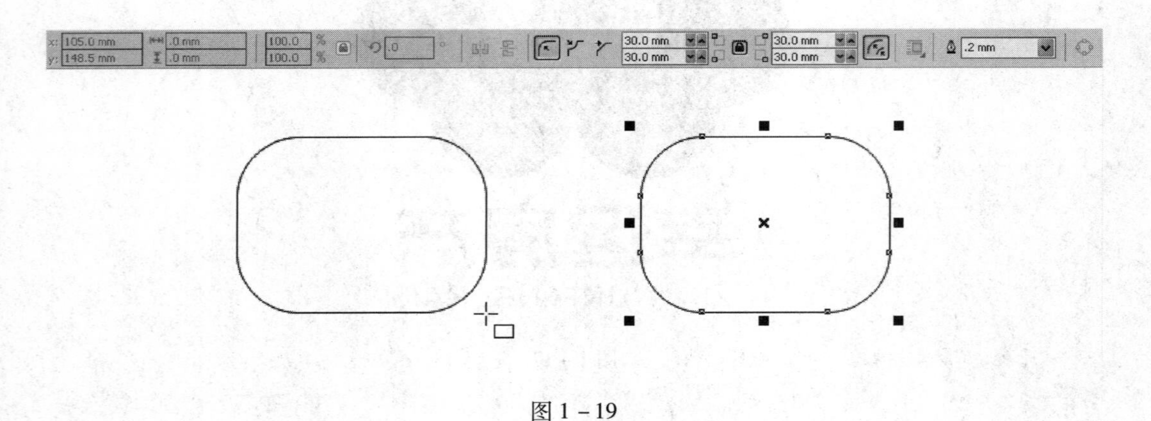

图 1－19

（3）椭圆形

选择【椭圆形工具】，在视图中任意位置单击并进行拖动，松开鼠标后，即可绘制出一个椭圆形，如图 1－20 所示。

绘制椭圆图形时，如果按住“Ctrl”键不放进行绘制，可以创建出一个正圆图形。

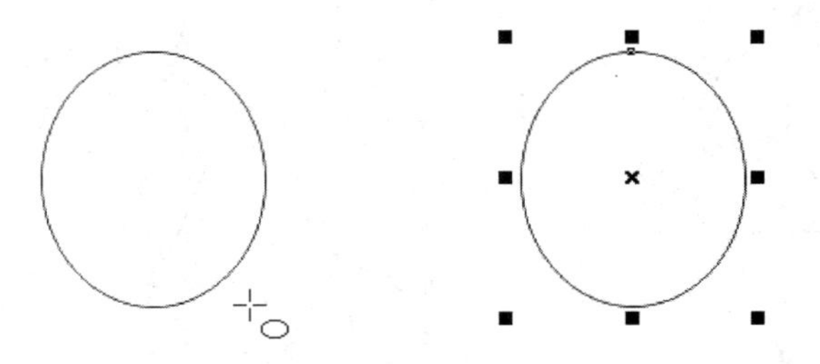

图 1－20

（4）饼形和弧形

选择【椭圆形工具】，单击椭圆工具属性栏中的“饼图”按钮，可以在视图中绘制出饼形，单击“弧”按钮，可以绘制出弧形，绘制方法与绘制其他基本图形相同，只需单击并拖动即可，如图 1－21 所示。椭圆形在选中状态下，单击“饼图”按钮或“弧”按钮，可以使椭圆形在饼形和弧形之间转换。

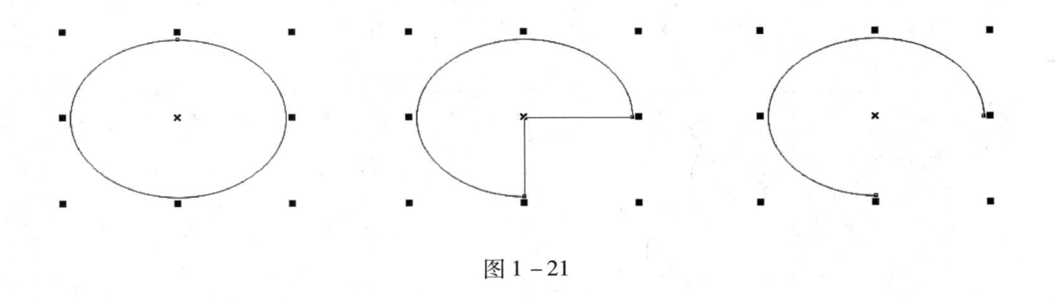

图 1－21

2 多边形和星形工具

（1）多边形工具

在工具箱中单击【多边形工具】，按住不放，会弹出展开式工具栏，如图 1－22 所示。

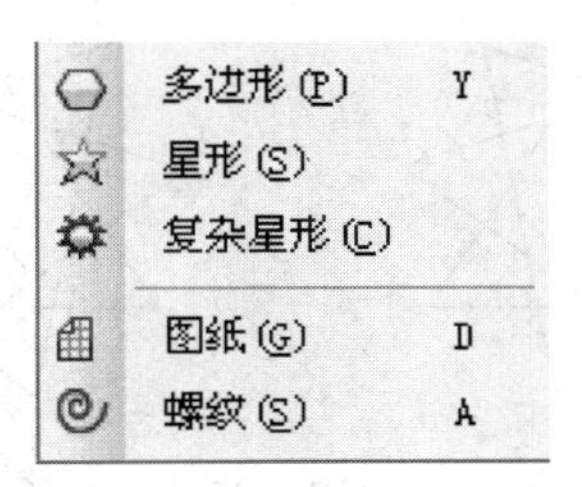

图 1－22

在多边形工具属性栏中的“点数或边数”数值框中输入数值，可以设置多边形的边数，如图1－23所示。

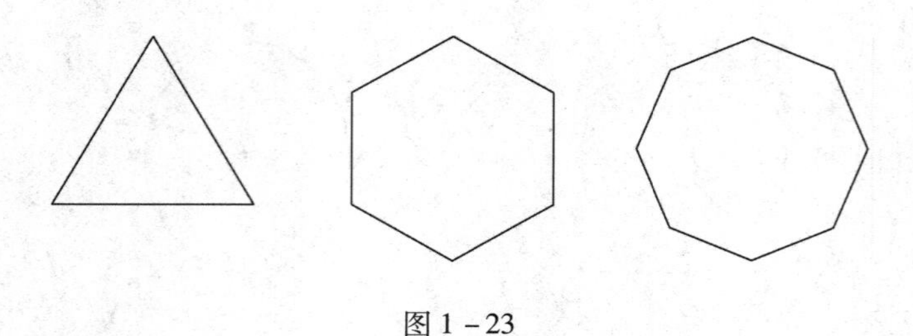

图1－23

（2）星形工具

选择【星形工具】，将光标移至视图中，单击并沿对角线方向进行拖动，松开鼠标后，即可创建一个星形，如图1－24所示。

按住“Shift”键拖动，可以绘制以鼠标按下点为中心，向四周扩展的星形。按住“Ctrl”键拖动，则可以绘制正星形。按住“Ctrl＋Shift”键拖动，可以绘制以鼠标按下点为中心，向四周扩展的正星形。

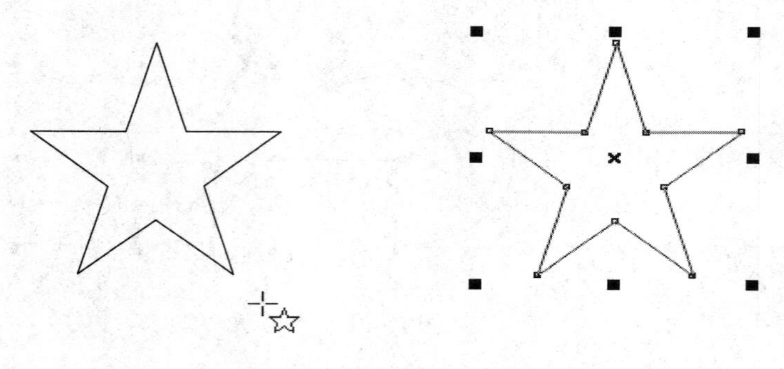

图1－24

选择【复杂星形工具】，在视图中拖动，松开鼠标后即可绘制复杂星形，按住“Ctrl”键拖动，则可以绘制正复杂星形，如图1－25所示。复杂星形工具属性栏与星形工具属性栏大致相同，如图1－26所示。

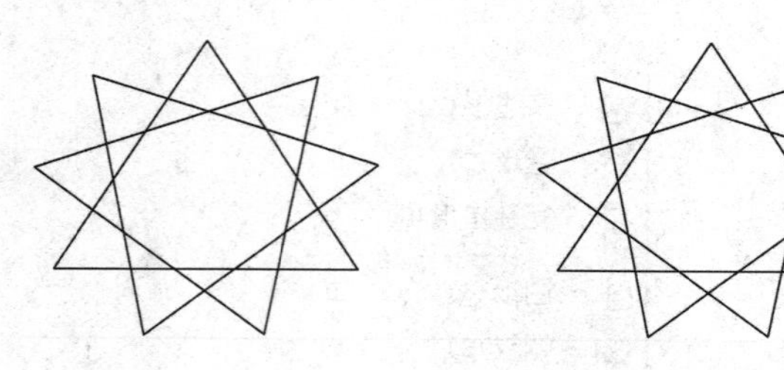

图1－25

图 1 – 26

3 图纸工具和螺纹工具

(1) 图纸工具

使用【图纸工具】可以创建出与图纸上相似的网格线，如图 1 – 27 所示。该工具主要用于绘制网格，在绘制曲线图或其他对象时辅助用户精确排列对象。选择【图纸工具】，属性栏如图 1 – 28 所示，用户可以通过属性栏设置网格水平和垂直线上的网格数，然后直接在视图中单击并拖动鼠标，从而绘制出网格。

在绘制网格时，如果按住“Ctrl”键，可以绘制方形的网格；如果按住“Shift”键，可以绘制以拖动起始点为中心的网格。

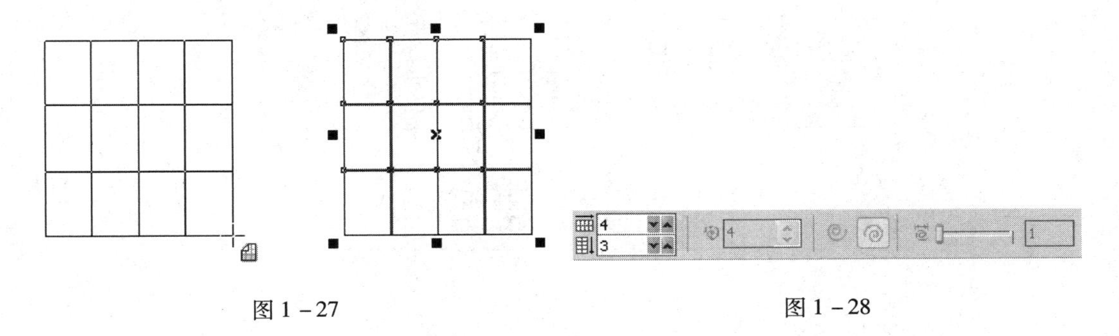

图 1 – 27　　图 1 – 28

(2) 螺纹工具

单击工具箱中的【螺纹工具】，其属性栏如图 1 – 29 所示。用户可以在属性栏中控制两种螺纹的“螺纹回圈”参数，还可以控制对数螺纹向外扩展的比率。绘制螺纹效果如图 1 – 30 所示。

在绘制螺纹时，按住“Shift”键拖动，可以绘制以鼠标按下点为中心，向四周扩展的螺纹图形。按住“Ctrl”键拖动，则可以绘制正圆螺纹图形。按住“Ctrl + Shift”组合键拖动，可以绘制以鼠标按下点为中心，向四周扩展的正圆螺纹图形。

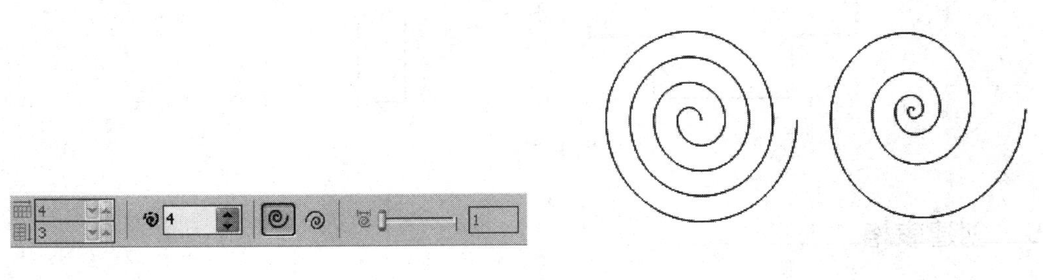

图 1 – 29　　图 1 – 30

4 基本形状工具

单击工具箱中的【基本形状工具】，按住鼠标不放，会弹出展开式工具栏，如图 1－31 所示。

以上 5 种工具的属性栏基本相同，如图 1－32 所示；只是在选择这 5 种不同的工具时，属性栏中的“完美形状”按钮将以不同的形态存在，单击“完美形状”按钮，将弹出相对应的形状图形面板，如图 1－33 所示。

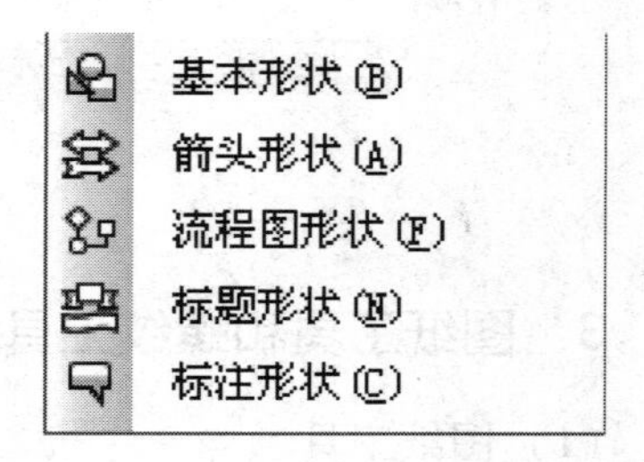

图 1－31

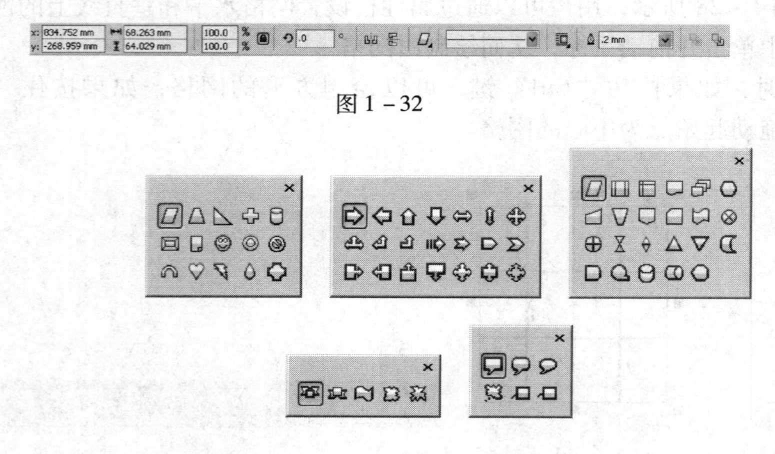

图 1－32

图 1－33

用户可从这些面板中选取所需的预设形状，然后在视图中沿对角线方向进行拖动，当达到一个合适的尺寸后，松开鼠标，即可绘制出相应的图形。单击拖动红色的菱形块可以改变预设形状，如图 1－34 所示。

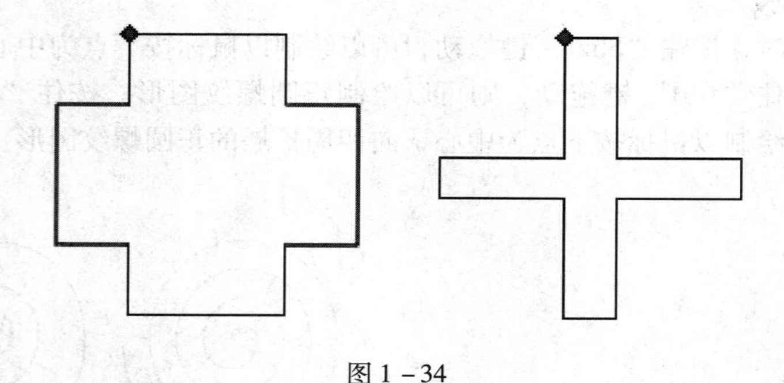

图 1－34

5 创建表格

执行【表格】>【创建新表格】命令，可打开【创建新表格】对话框，如图 1－

35 所示。在该对话框中可以设置表格的“行数”、“栏数”、“高度”及“宽度”的参数，可以直接输入，也可以通过微调按钮来调整，设置完毕后，单击“确定”按钮，即可在绘图页面中创建出一个表格，如图 1－36 所示。

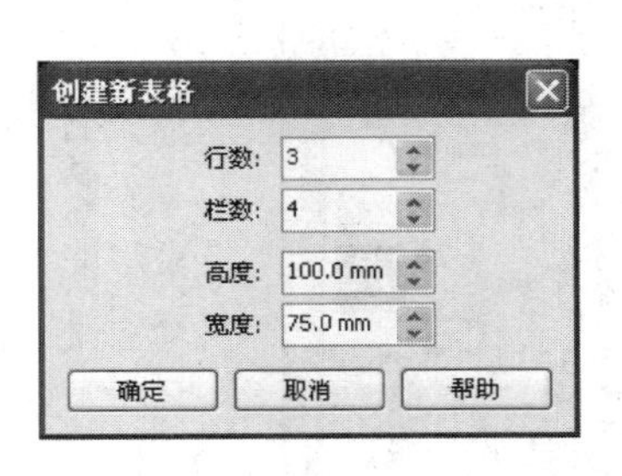

图 1－35

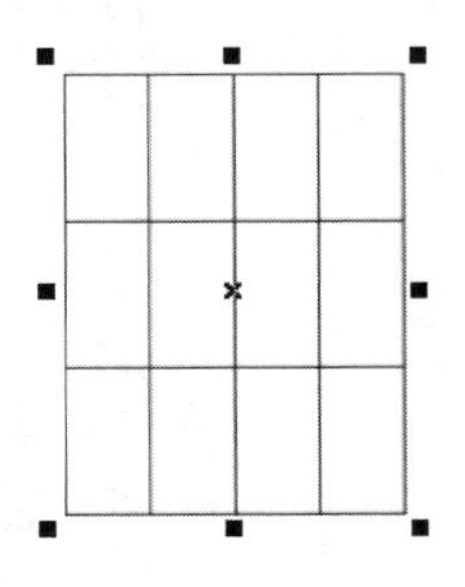

图 1－36

6 编辑轮廓线

选中一个对象，在调色板中右击任意颜色，可以为对象添加轮廓颜色，如图 1－37 所示。

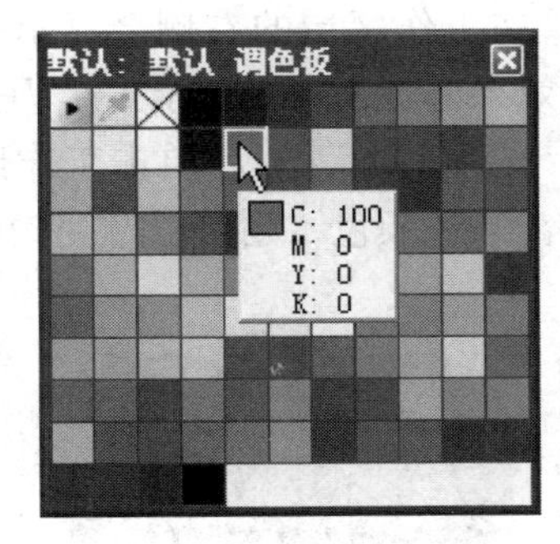

图 1－37

在调色板中右击☒按钮，可取消对象的轮廓线填充，如图 1－38 所示。

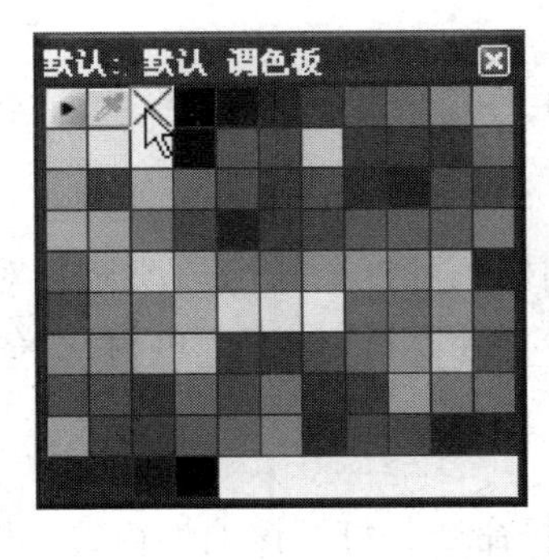

图 1－38

在状态栏中，显示了当前所选对象轮廓的颜色填充状态。双击轮廓笔图标右侧的色块，可打开【轮廓笔】对话框，如图 1－39 所示，在其中可设置轮廓的相关属性。

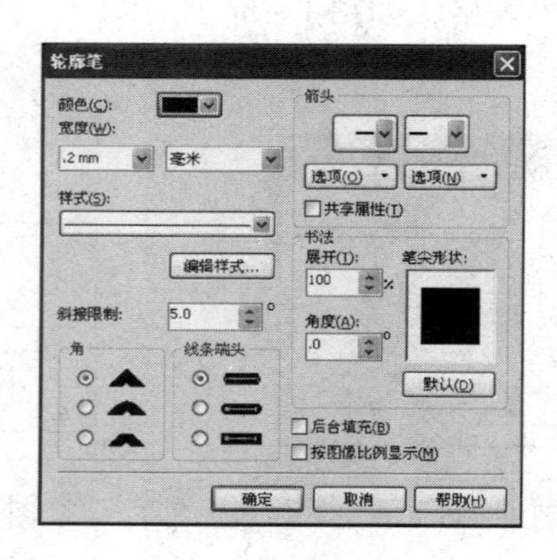

图 1－39

7 颜色填充

（1）使用调色板

在默认状态下，当启动 CorelDRAW 后，在工作区域的右侧会显示一个调色板，从该调色板中选择的颜色可直接应用到对象，效果如图 1－40 所示。当为选定对象应用均匀填充或轮廓填充时，可使用【选择工具】选中对象，然后单击工作区域右侧调色板中的颜色，就可以为该对象填充颜色；而右击某种颜色，则可以改变轮廓线的颜色。

图 1－40

（2）使用【均匀填充】对话框

选中对象后，在状态栏中双击颜料桶图标，可打开【均匀填充】对话框，如图 1－41 所示。所谓均匀填充也就是指单色填充。在该对话框中，可自定义出所需要的颜色效果，并将其应用到所选对象上。

（3）使用【颜色】泊坞窗

执行【窗口】>【泊坞窗】>【彩色】命令，打开该泊坞窗，如图 1－42（a）所

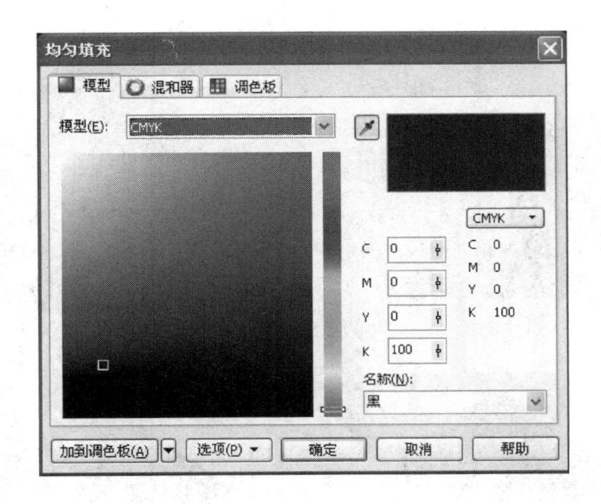

图 1－41

示，在泊坞窗顶部的下拉列表中提供了多种可用的色彩模式，如图 1－42（b）所示。

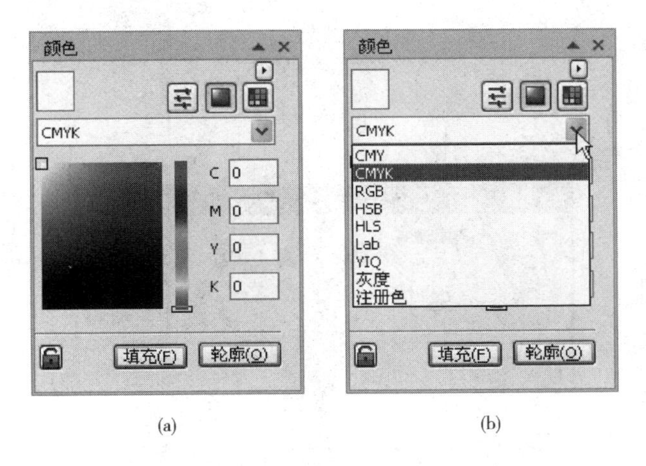

图 1－42

8　渐变填充

在 CorelDRAW X5 中，渐变填充是一种依据线性、辐射、圆锥或正方形的路径来实现两种或多种颜色之间逐渐过渡的填充方式，如图 1－43 所示。其中图 1－43（a）所示的为线性渐变效果，图 1－43（b）为辐射渐变效果，图 1－43（c）为圆锥渐变效果，图 1－43（d）为正方形渐变效果。

选中对象，在工具箱中单击填充工具组件，在弹出的展开式工具条中选择渐变工具，打开【渐变填充】对话框，如图 1－44 所示。

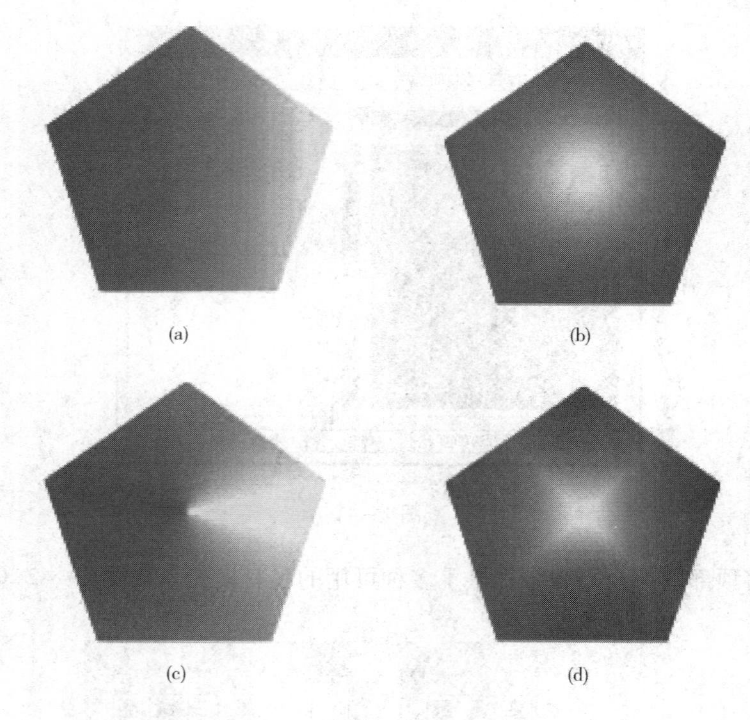

图 1 - 43

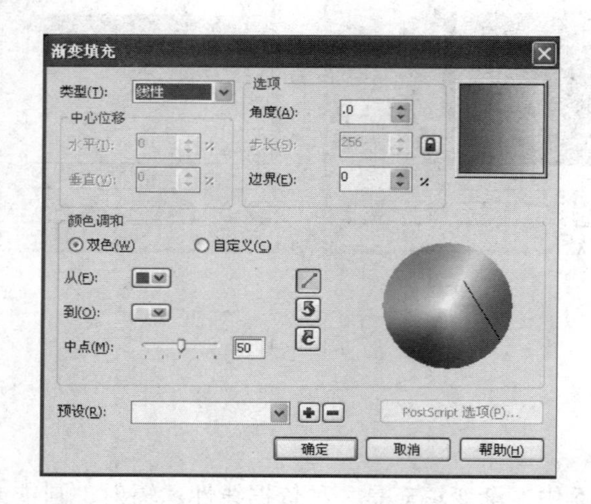

图 1 - 44

9 交互式填充和交互式网格填充

（1）交互式填充

使用【交互式填充工具】在视图中单击并拖动鼠标，可以为图形添加渐变，如图 1 - 45 所示。

(2) 交互式网格填充

使用工具箱中所提供的【网状填充工具】可为对象应用网格填充，即以设定网格的交接点为色彩渐变原点，并向另一处交接点的色彩原点逐渐过渡，以生成一种比较细腻的渐变效果，从而实现不同颜色之间的自然融合。

选中需要应用填充的对象，在工具箱中选择【网状填充工具】，此时所选对象变为图 1-46 所示的状态。

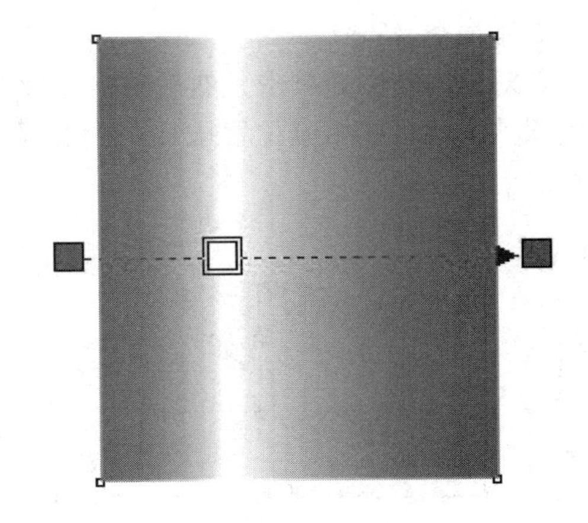

图 1-45

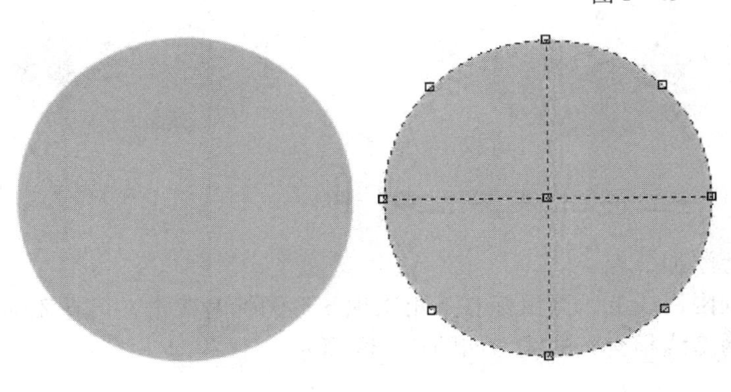

图 1-46

这时可对网格对象进行如下编辑：

①添加颜色

单击选中一个交点或节点，在调色板中单击某个色样，或者将该色样拖动到选中的交点或节点上，如图 1-47 所示。

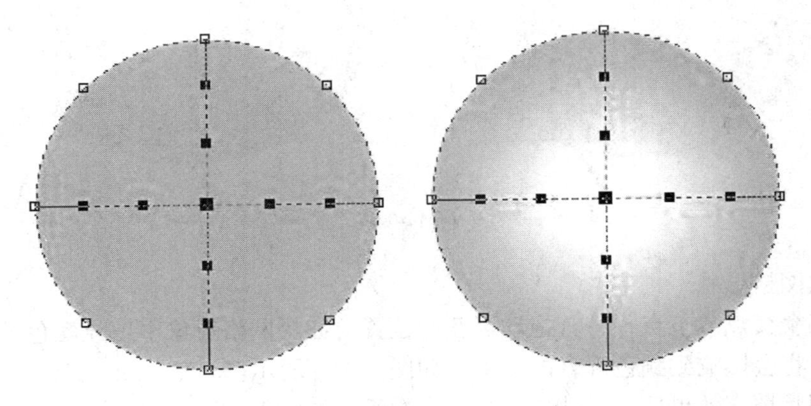

图 1-47

②添加交叉点

在对象内空白处单击，然后单击属性栏上的“添加交叉点”按钮，或者直接在网格内双击，就会在相应位置增加一个交叉点，并延伸出两条交叉网格线，如图 1－48 所示。

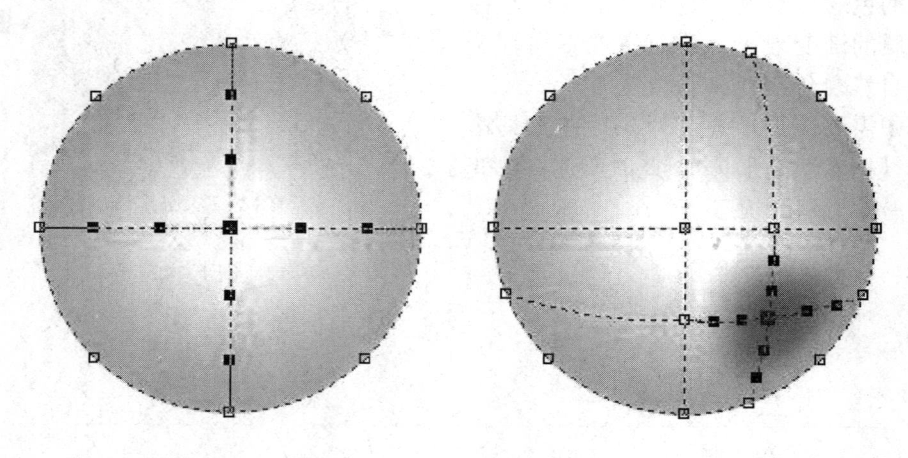

图 1－48

③在网格上添加节点

移动鼠标到网格线上，当鼠标右下角出现 S 形图标时双击，可在添加节点的同时新增一条与当前网格线相交叉的线，如图 1－49 所示。

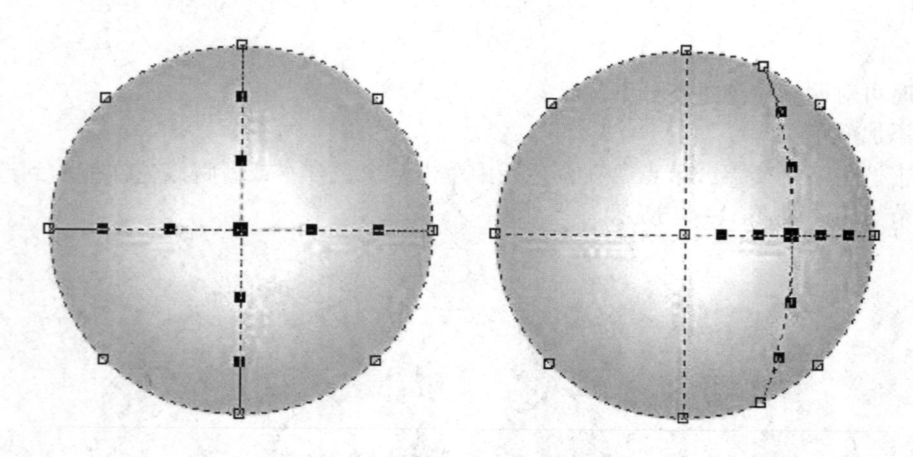

图 1－49

④更改网格形状

选中某个交点或节点，将其拖动至新的位置，如果网格对象中填充颜色的话，改变网格的形状将会影响到颜色混合的效果，如图 1－50 所示。

创建网状填充效果后，属性栏会被完全激活，如图 1－51 所示。

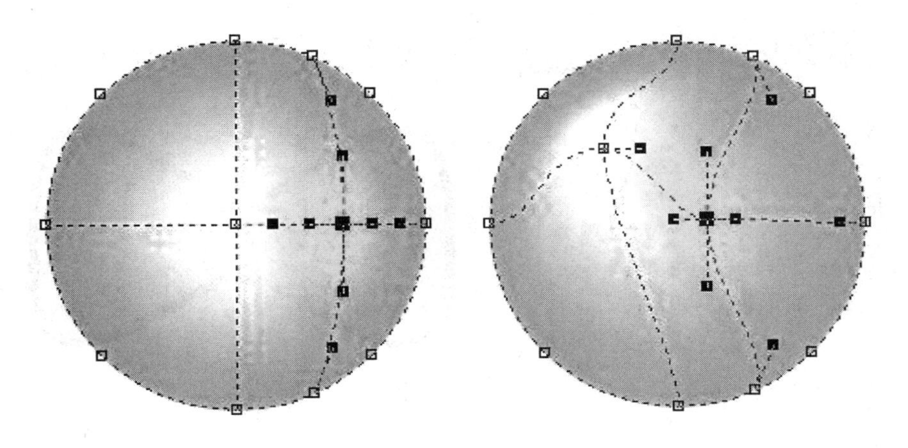

图 1 - 50

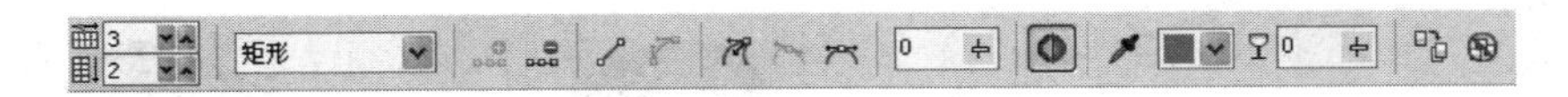

图 1 - 51

10 图样填充、底纹填充、PostScript 填充

（1）图样填充

图样填充是为对象填充预设的图案，读者可以矢量图形或导入的位图图像作为图案填充，或者创建简单的双色位图图案。图样填充可分为双色图案、全色图案和位图图案三种类型如图 1 - 52 所示。

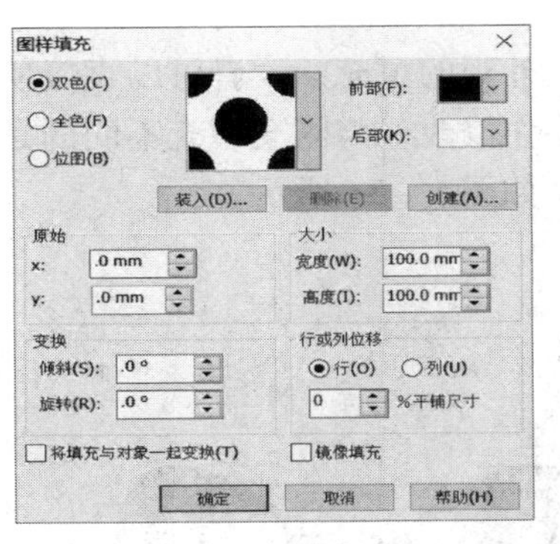

(a)

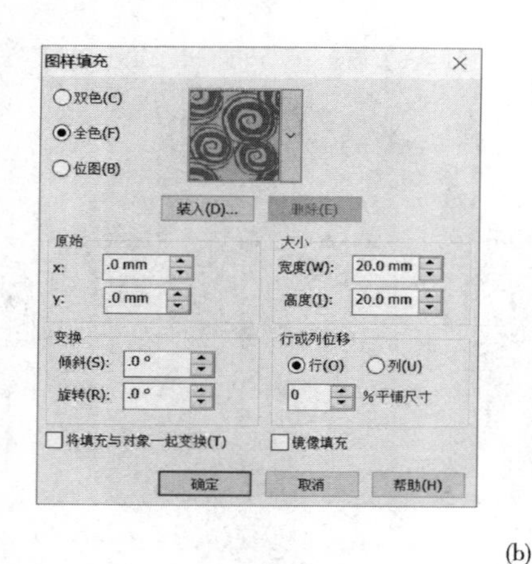

(b)

(c)

图 1－52

（2）底纹填充

底纹填充是指随机生成的具有某种自然物质外观的填充，读者可以直接使用程序所预设的各种样式，也可以在现有样式的基础上略作修改，与图案填充不同的是，它可以使用单独的图像而不是重复的图像来填充对象，如图 1－53 所示。

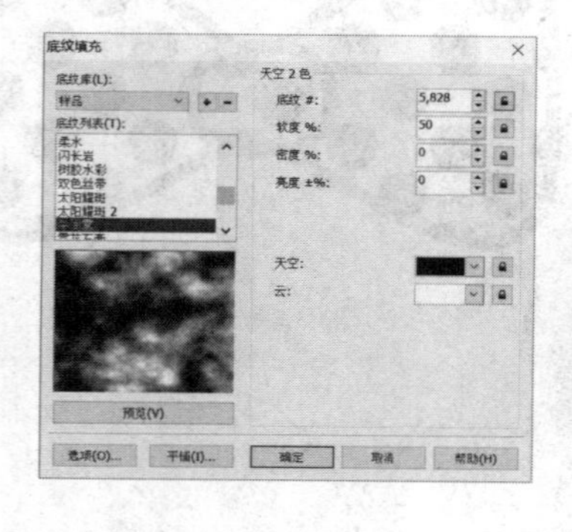

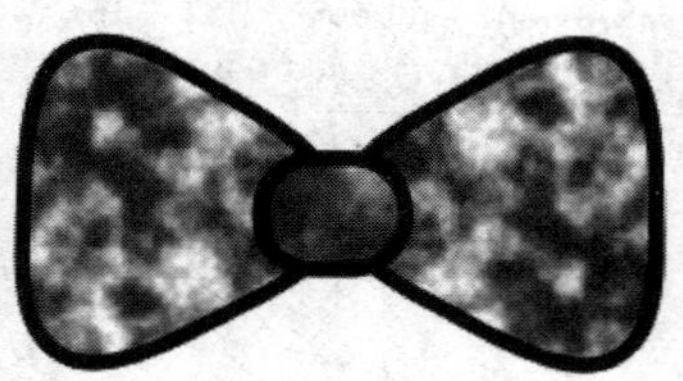

图 1－53

（3）PostScript 填充

PostScript 填充是使用 PostScript 语言所设计的特殊纹理填充。打开【PostScript 底纹】对话框，在其中设置参数后，单击“确定”按钮，即可为对象添加 PostScript 填充效果，如图 1－54 所示。

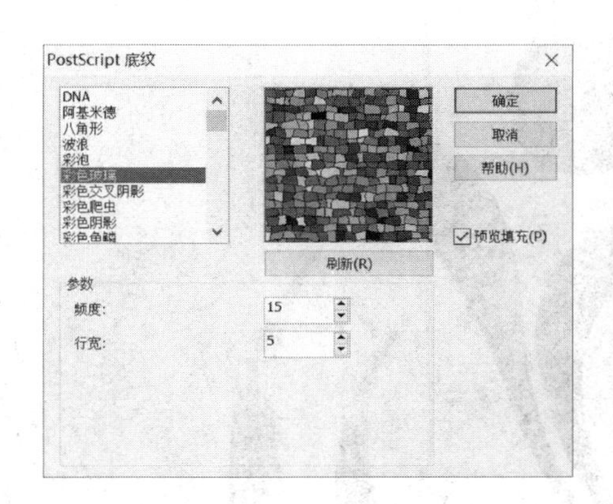

图 1－54

独立实践任务　2 课时

任务二　设计制作某公司标志

任务背景

为某公司设计制作一个标志。

任务要求

标志要求符合公司的业务和特质。

任务分析

标志是品牌形象核心部分，是表明事物特征的识别符号。标志设计不仅是实用物的设计，也是一种图形艺术的设计。

任务参考效果图〉〉

项目二 设计制作 POP 广告——绘制和编辑曲线

任务参考效果图〉〉

能力目标

1. 掌握绘制和编辑曲线的方法。
2. 可以自己设计制作 POP 广告。

软件知识目标

1. 掌握手绘工具组的使用方法。
2. 掌握如何对节点进行编辑。

专业知识目标

1. 掌握曲线和其构成元素的概念。
2. 熟练使用贝塞尔工具。

课时安排

4 节课（讲 2 课时，实践 2 课时）

模拟制作任务 2 课时

任务一 设计制作某饮料的 POP 广告

任务背景

由于某饮料要特价促销，所以需要设计制作一款 POP 海报。

任务要求

饮料 POP 广告的设计要求针对饮料的推销展开，画面清新自然，突出饮料的特点。

任务分析

本次 POP 广告设计的重点是突出所宣传的饮品，体现广告的特征，所有内容均在 CorelDRAW 中制作完成。

本案例的难点

操作步骤详解

新建文件并创建背景图像

（1）执行【文件】>【新建】命令，创建一个新文件，在属性栏中设置页面大小为 A3。

（2）单击工具箱中的【填充工具】，在弹出的展开式工具栏中选择“渐变填充”选项，打开【渐变填充】对话框，在对话框中选择“自定义”单选按钮，设置起始颜色为 C47、M0、Y0、K0，第二个颜色为白色，参照图 3－1 所示设置其他参数，然后单击“确定”按钮，为矩形添加线性渐变效果，如图 2－1 所示。

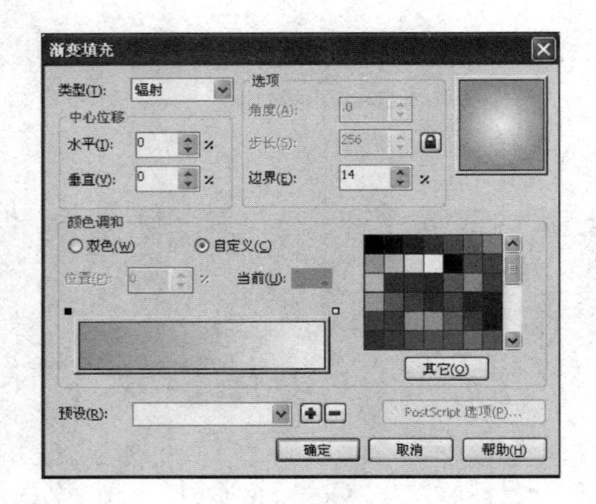

图 2－1

（3）复制上一步创建好的矩形，并填充白色，参照图 2－2 所示，调整矩形大小，并取消轮廓色填充。

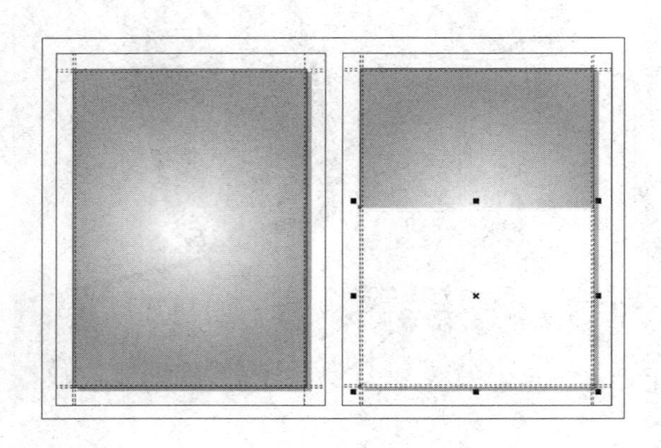

图 2－2

（4）使用【钢笔工具】在视图中单击，绘制第一个锚点，在另一个地方单击并拖动鼠标，依次在页面中移动鼠标绘制出曲线，如图 2－3 所示。

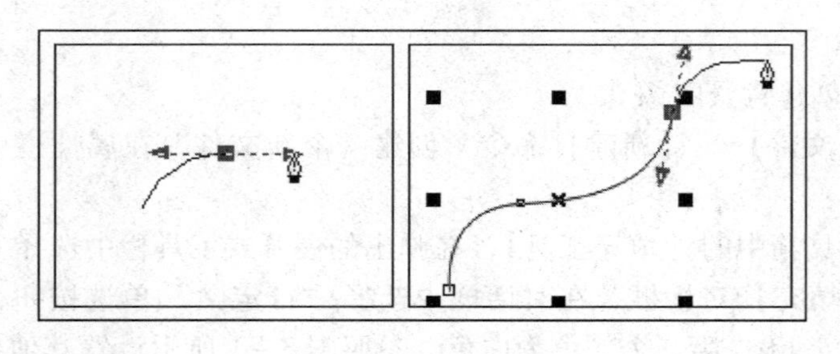

图 2－3

（5）继续使用【钢笔工具】在视图中绘制并闭合路径，如图 2－4 所示的路径。

（6）使用【选择工具】同时选中路径和白色矩形，单击选项栏中的“修剪”按钮，修剪白色矩形，效果如图 2－5 所示。

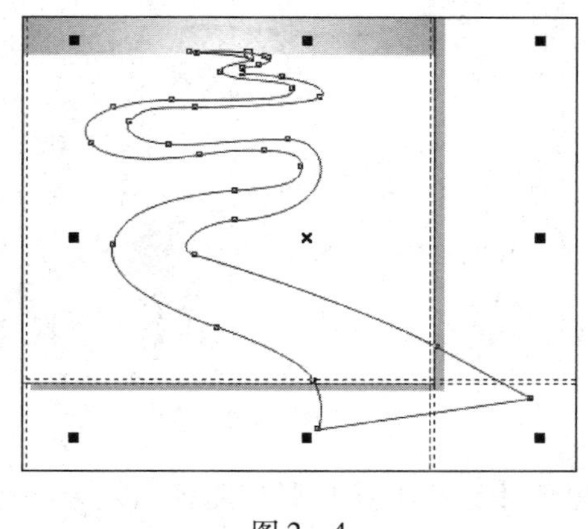

图 2－4

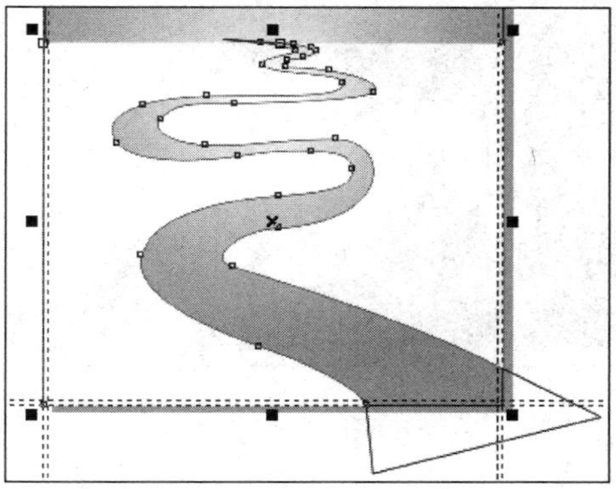

图 2－5

（7）右击修剪后得到的图形，在弹出的菜单中选择【拆分】命令，将图像拆分成两个图形，选择其中一个图形，如图 2－6 所示。

（8）复制上一步选中的图形，单击工具箱中的【填充工具】，在弹出的展开式工具栏中选择“均匀填充”选项，打开【均匀填充】对话框，设置颜色为藏青色，然后单击“确定”按钮，为图形填充颜色，如图 2－7 所示。

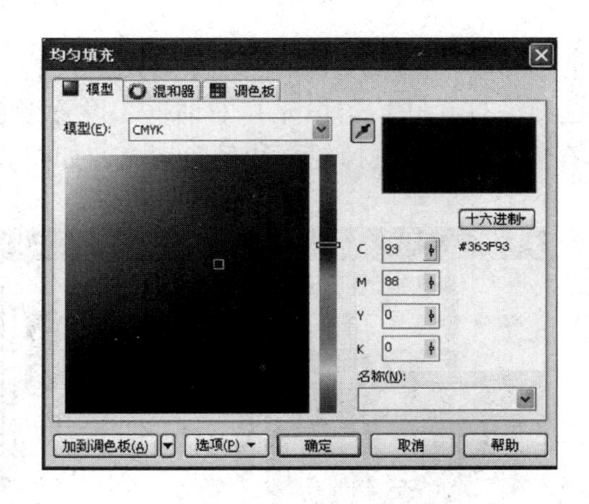

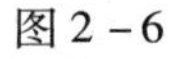

图 2－6

图 2－7

（9）使用【选择工具】缩小上一步填充颜色的形状，如图 2－8 所示。

（10）参照上面介绍的方法复制并缩小另一个拆分后的图形，填充颜色为深蓝色，使用快捷键“Ctrl + PageDown”使深蓝色图形到白色图形的下方，效果如图 2－9 所示。

图 2－8

图 2－9

（11）使用【钢笔工具】绘制曲线路径，并配合【形状工具】调整路径，效果如图 2－10 所示。

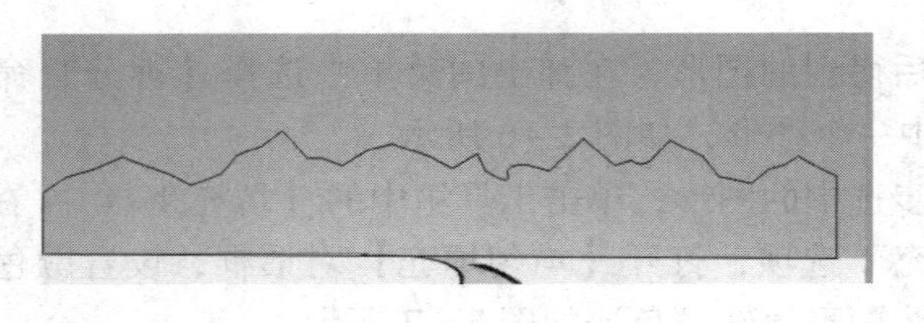

图 2－10

（12）单击工具箱中的【填充工具】，在弹出的展开式工具栏中选择“均匀填充”选项，打开【均匀填充】对话框，设置颜色为蓝色，然后单击“确定”按钮，为路径填充颜色，并去掉轮廓线颜色填充，如图 2－11 所示。

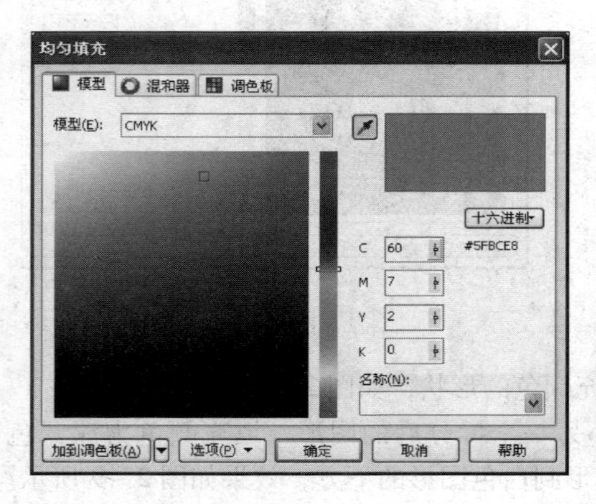

图 2－11

（13）复制上一步创建的图像，单击工具箱中的【填充工具】，在弹出的展开式工具栏中选择“均匀填充”选项，打开【均匀填充】对话框，设置颜色为浅蓝色，然后单击“确定”按钮，为图像填充颜色，如图 2 – 12 所示。

（14）放大图像并调整图形前后顺序，如图 2 – 13 所示。

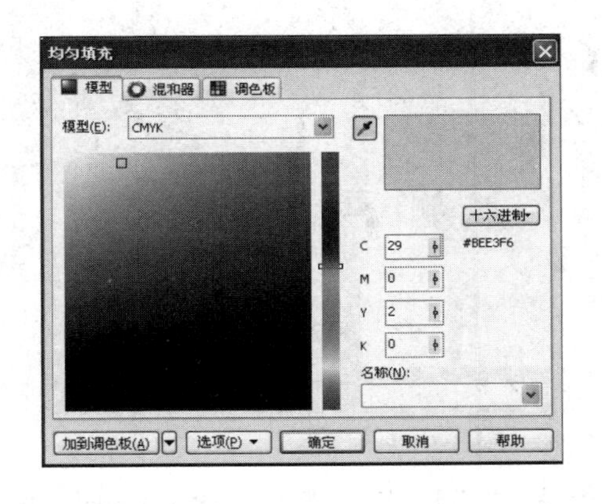

图 2 – 12

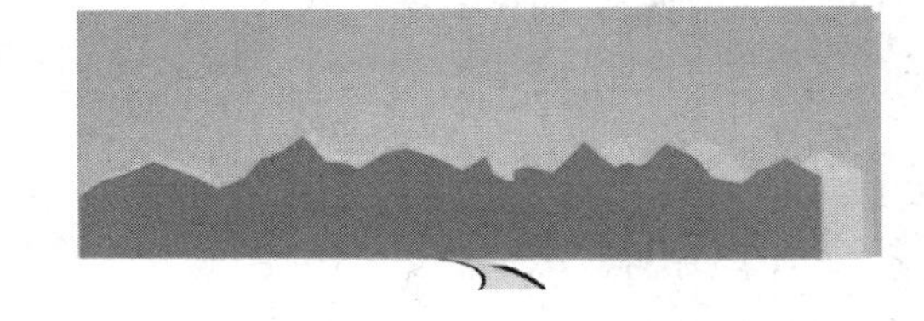

图 2 – 13

（15）使用【钢笔工具】绘制雪山路径，并填充为白色，如图 2 – 14 所示。

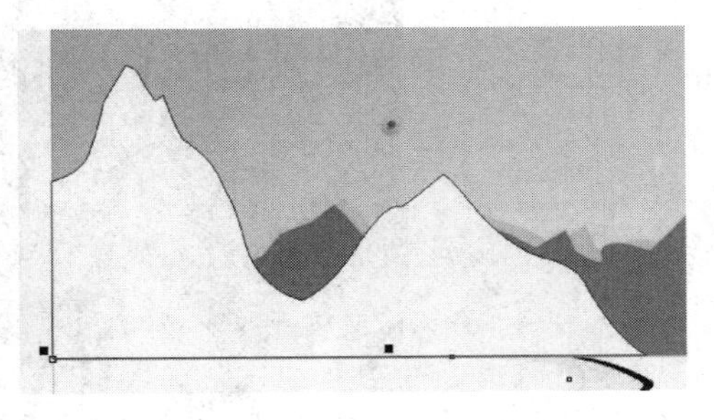

图 2 – 14

（16）使用【钢笔工具】绘制雪山上的阴影，如图 2 – 15 所示。

（17）复制上一步骤绘制好的雪山，使用【透明度工具】调整雪山透明度，并调整其图层显示顺序，如图 2 – 16 所示。

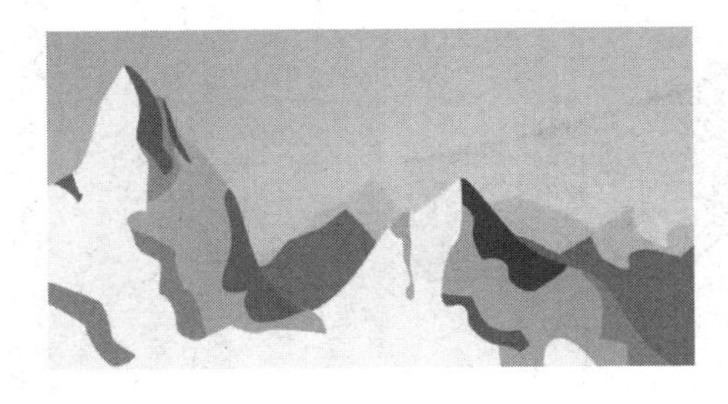

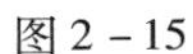

图 2 – 15

图 2 – 16

（18）继续使用【钢笔工具】绘制另一座雪山，并填充颜色为白色，如图 2 – 17 所示。

（19）参照图 2 – 18 所示，绘制另一雪山上的阴影。

图 2 – 17

图 2 – 18

添加产品素材

（20）执行【文件】 > 【导入】命令，导入素材“模块 02 \ 素材 \ 饮料 . cdr”文件，并参照图 2 – 19 所示调整素材的大小位置。

图 2 – 19

添加文字效果

（21）使用【基本形状工具】下拉菜单中的【标题形状】绘制如图 2－20 所示的形状，并填充颜色。

图 2－20

（22）使用【文本工具】形状中输入文字，并参照图 2－21 所示，在选项栏中设置字体样式和字体大小，放在页面合适位置。

图 2－21

（23）使用【文本工具】输入标题文字，设置文字格式，最终效果如图 2－22 所示。

图 2－22

知识点扩展

1 曲线的概念

曲线是由两个或多个节点组成的矢量线条，在两个节点之间组成一条线段，曲线可以包含若干条直线段和曲线段，通过定位、调整节点以及调整节点上的控制点来绘制和改变曲线的形状，利用曲线绘图工具可以绘制出任意形态的曲线图形，曲线构成的说明如图 2－23 所示。

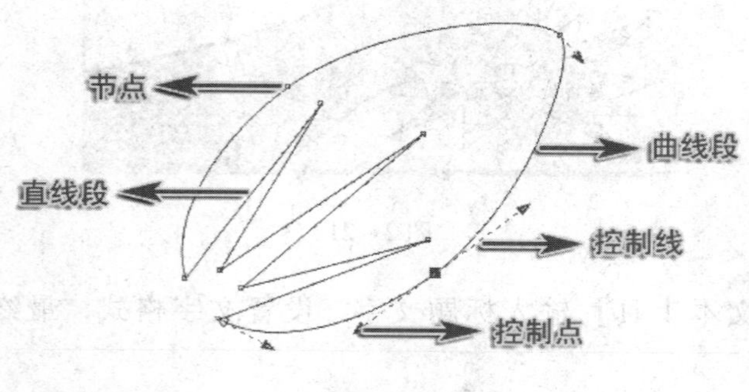

图 2－23

2 手绘工具组

（1）手绘工具

【手绘工具】在工具箱中为默认显示。单击【手绘工具】并按住不放，会弹出展开式工具栏，如图 2－24 所示。

使用【手绘工具】绘制曲线的方法非常简单，选择该工具后，在视图中按下鼠标并进行拖动，松开鼠标后，即可完成曲线的绘制，如图 2－25 所示。

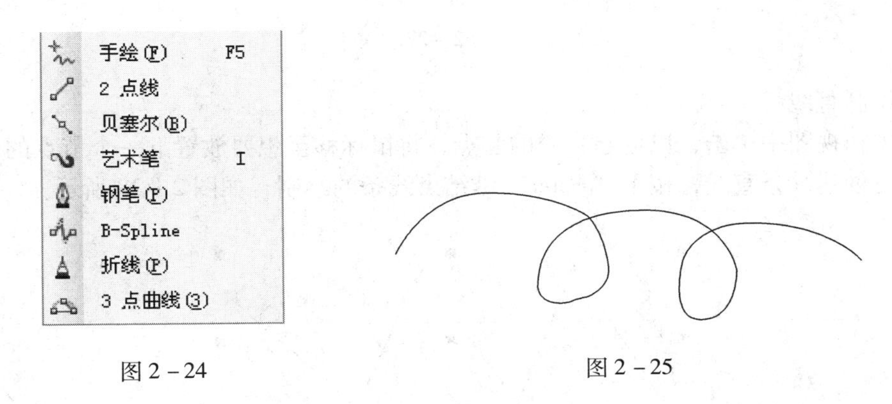

图 2－24　　图 2－25

（2）点线工具

如果要使用【2 点线工具】绘制直线，单击属性栏中的“2 点线工具”按钮，在视图中按下鼠标并进行拖动，然后在想要作为直线结束点的位置松开鼠标即可，如图 2－26 所示。

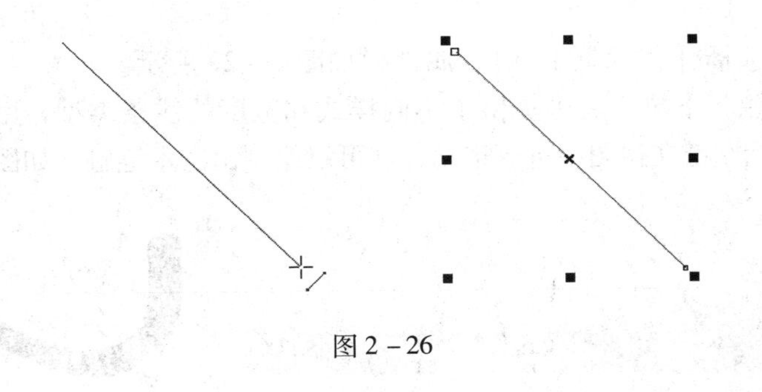

图 2－26

（3）贝塞尔工具

①绘制曲线

使用【贝塞尔工具】绘制曲线时，从所要放置的第一个节点处按下鼠标并拖动绘制，这时在该节点的两侧会出现两个控制点，拖动控制点将决定下一个路径段的形状，如图 2－27（a）所示。

松开鼠标后，将指针移至另一个位置，然后按下鼠标再次拖动第二个节点的控制点，这时两个节点之间就会出现一条曲线段，控制点的位置和角度将会影响该路径段以及下一个路径段的形状，如图 2－27（b）所示。

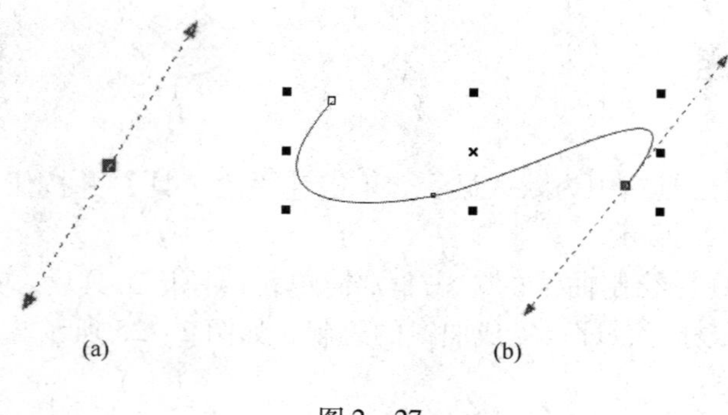

图 2－27

②绘制直线

首先在视图中单击，以创建直线的起点，将鼠标移至想要放置下一个节点的位置单击，即可创建一条直线，按下“Enter”键结束线条的绘制，如图 2－28 所示。

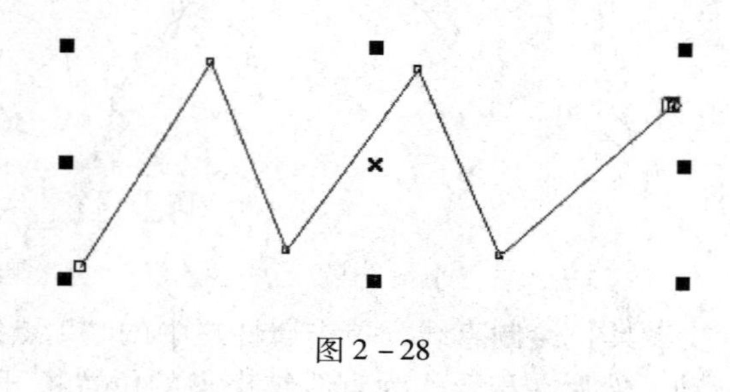

图 2－28

（4）艺术笔工具

①预设模式

在工具箱中选择【艺术笔工具】，属性栏如图 2－29 所示。

在“预设笔触”下拉列表中提供了不同样式和宽度的线条类型，用户可根据需要进行选择。按下鼠标左键在视图中进行拖动，就可以绘制出艺术笔触，如图 2－30 所示。

图 2－29

图 2－30

②笔刷模式

在属性栏中单击“笔刷”按钮，属性栏显示为相应的选项，如图 2－31 所示。

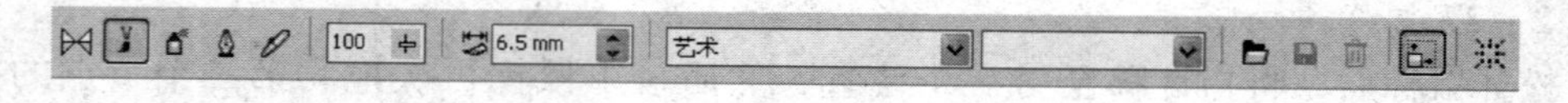

图 2－31

在属性栏中进行设置后，在视图中按下鼠标进行拖动，就可以绘制出相应的笔刷图形，如图 2－32 所示。

图 2－32

③喷涂模式

选择【艺术笔工具】，在属性栏中单击“喷罐”按钮，属性栏如图 2－33 所示。

图 2－33

在属性栏进行设置后，在视图中按下鼠标并进行拖动，释放鼠标后，即可绘制出相应的艺术笔触，如图 2－34 所示。

图 2－34

④书法模式

使用【艺术笔工具】在“书法”模式下创建路径时，可产生类似于书法钢笔绘制的效果。选择【艺术笔工具】后，在属性栏中单击“书法”按钮，可切换到“书法”模式，属性栏如图 2－35 所示。

图 2－35

除了和其他模式相同的属性外，在“书法角度”数值框中可设置笔尖的角度。当参数值为 0°时，笔尖将为水平方向，如图 2－36（a）所示；当参数值为 90°时，笔尖将为垂直方向，如图 2 - 36（b）所示；而键入 0 ~ 360°的其他任意数值时，笔尖则为倾斜状态。

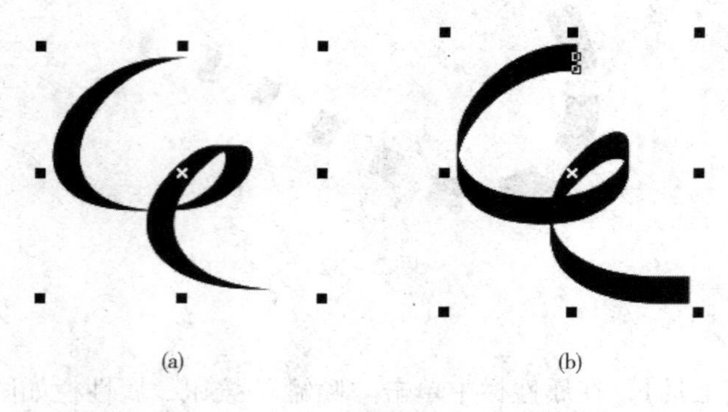

图 2 - 36

⑤压力模式

在工具箱中选择【艺术笔工具】后，单击属性栏中的“压力”按钮，可切换到“压力”模式，如图 2 - 37 所示。

设置参数后，将鼠标移至曲线的起始位置，然后拖动鼠标绘制所需要的路径即可，如图 2 - 38 所示。

图 2 - 37　　图 2 - 38

（5）钢笔工具

【钢笔工具】和【贝塞尔工具】的使用方法基本上相同，区别在于【钢笔工具】能够在绘制过程中使路径总是处于预览状态，即随时都可以观察到路径的形态。绘制效果如图 2 - 39 所示。

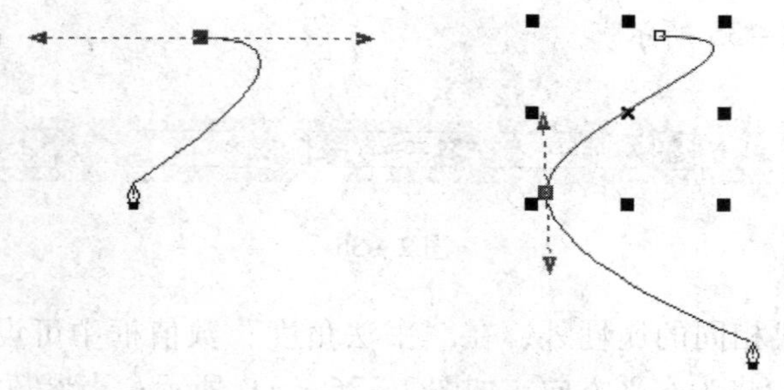

图 2 - 39

3 节点编辑

（1）添加、删除节点

选择工具箱中的【形状工具】，在曲线的任意位置双击，路径上就会增加一个新的节点，如图 2－40 所示。

图 2－40

选择【形状工具】，在曲线上双击节点即可删除节点。选中节点后，按下键盘上的“Delete”键也可以删除节点，如图 2－41 所示。

图 2－41

（2）选择节点和线段

选择【形状工具】，将鼠标移动到曲线任意一个节点上，单击鼠标就可以选中该节点，在该节点和两侧相邻的节点处会出现控制点，如图 2－42（a）所示。将鼠标移到节点间的线段处，当鼠标变为 时，单击鼠标即可选中该线段，如图 2－42（b）所示。

在使用【形状工具】选择节点时，按下“Home”键可以直接选择起始节点，按下“End”键可以直接选择终止节点。按下“Shift”键可连续单击选择多个节点，若拖动鼠标拉出一个虚线框，可选择框内的所有节点。按下“Ctrl + Shift”组合键，然后单击对象上的任意节点，可选中对象中的所有节点。

（3）转换线段

选中【形状工具】，单击鼠标选中线段，单击属性栏上的【转换为曲线】按钮，可

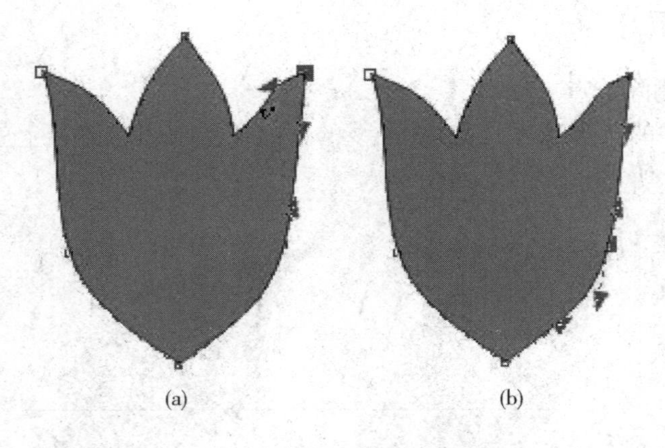

图 2－42

以将当前选择的直线转换为曲线，如图 2－43 所示。

图 2－43

单击属性栏上的“转换为线条”按钮，可以将当前选择的曲线转换为直线，如图 2－44 所示。

图 2－44

（4）转换节点

在 CorelDRAW X5 中，节点分为三种类型：分别是对称节点、平滑节点、尖突节点。这三种节点可以互相转换。图 2－45（a）所示为对称节点，图 2－45（b）所示为平滑节点，图 2－45（c）所示为尖突节点。

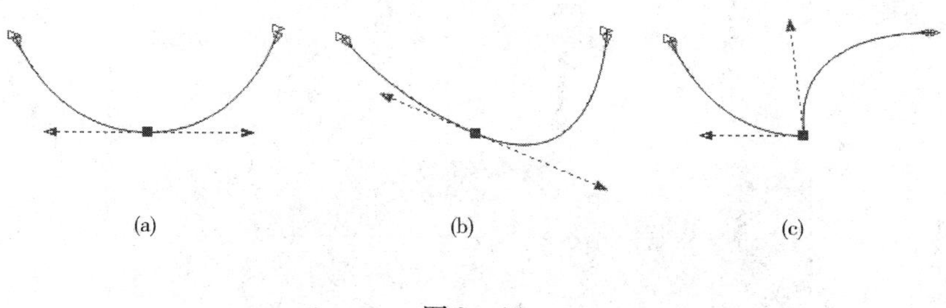

图 2－45

对称节点：两个控制点的控制线长度是相同的，即调整其中一个控制点时，另一个控制点将以相同的比例进行调整。

平滑节点：两个控制点的控制线可以不相同，即调整其中一个控制点时，另一个控制点将以相应的比例进行调整，以保持曲线的平滑。

尖突节点：两个控制点可以相互独立，即调整其中一个控制点时，另一个控制点保持不变。

独立实践任务 2 课时

任务二 设计制作汉堡店的 POP 广告

任务背景

为一家汉堡专卖店设计制作一则店内海报，主要针对新上市的汉堡进行宣传。

任务要求

要求画面主体为新上市的汉堡，颜色要与食品元素相协调，体现出时尚大方的风格。

任务分析

海报一直以直观、色彩鲜艳、极强的视觉冲击等特点占据着广告的重要位置，此次设计要充分体现海报的特点，可以参看手边的一些资料或者去商场进行实地观察，再进行设计制作。

任务参考效果图〉〉

NEW
¥3.00
欢乐汉堡
早餐系列
多种口味全新上市
超值享受
欢乐食品(中国)荣誉出品
"欢乐"商标由欢乐食品企业集团拥有。 本地厂址：信长开发区吉祥工业园区765-A 电话：86-9555-82364820

项目三 设计制作封面——编辑文本和图像处理

任务参考效果图〉〉

能力目标

1. 能够灵活地使用文本工具在视图中创建并编辑文本。
2. 能掌握调整和组合图像的基本方法。
3. 能设计制作各种类型的书籍封面设计。

软件知识目标

1. 掌握文本的编辑方法。
2. 掌握插入条形码的方法。
3. 掌握图框精确剪裁的使用方法。
4. 掌握设置出血的方法。

专业知识目标

1. 了解文本的编辑技巧。
2. 了解图框精确剪裁的概念及应用。
3. 利用 CorelDRAW X5 的出血设置功能设置出血。

课时安排

6 节课（讲 2 课时，实践 4 课时）

模拟制作任务　2 课时

任务一　设计制作图书的封面

任务背景

某出版社要出版一本关于养花的书籍，需要对这本书的封面进行设计制作。

任务要求

封面设计的任务要求，要体现本书特点，能吸引更多读者朋友观看。

任务分析

1. 书籍封面要有养花相关的内容体现。
2. 颜色选用视觉舒适、温暖淡雅的颜色。
3. 书籍名称与封面图案相结合，将书籍的内容第一时间传递给读者。

本案例的难点

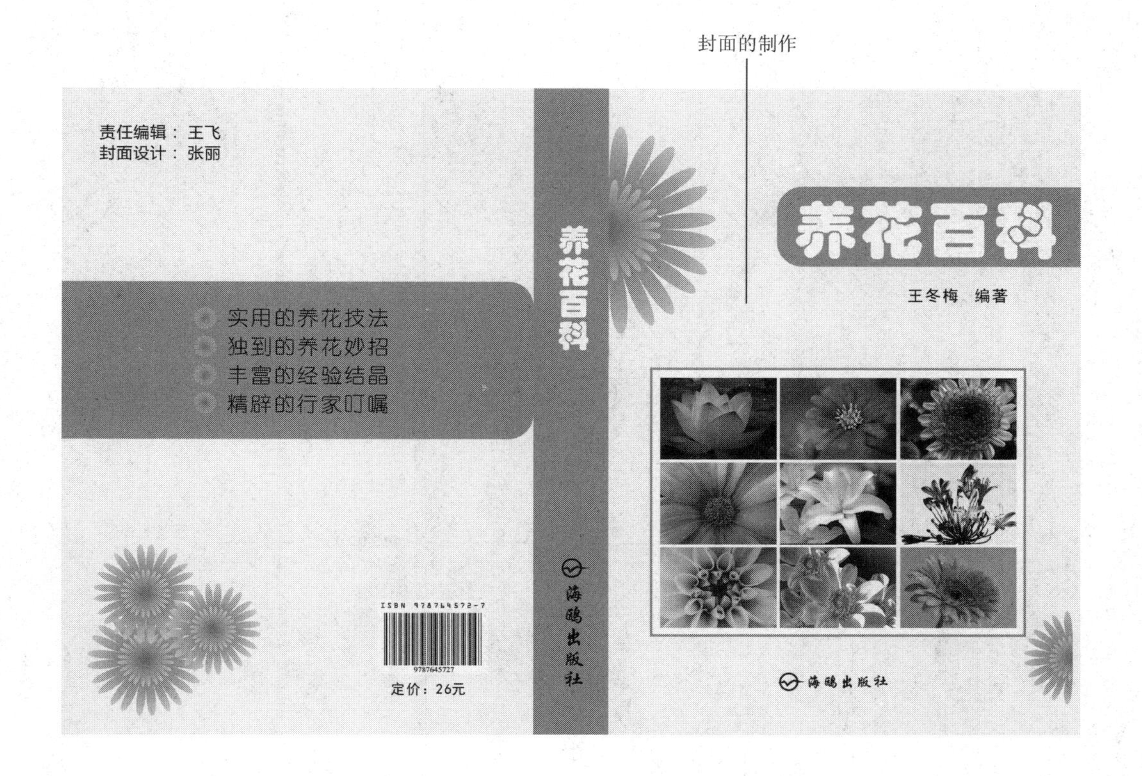

操作步骤详解

制作书籍封面背景

(1) 新建文件，在【布局】菜单选择【页面设置】命令，设置页面宽度400mm，高度185mm，出血3mm，如图3-1所示（注：本书封面为16开，大小为185mm × 260mm，书脊厚度30mm）。

(2) 使用辅助线绘制书籍轮廓，如图3-2所示。

(3) 为了使读者更清楚地看到页面设计的尺寸，现将封面轮廓图标出尺寸，如图3-3所示。

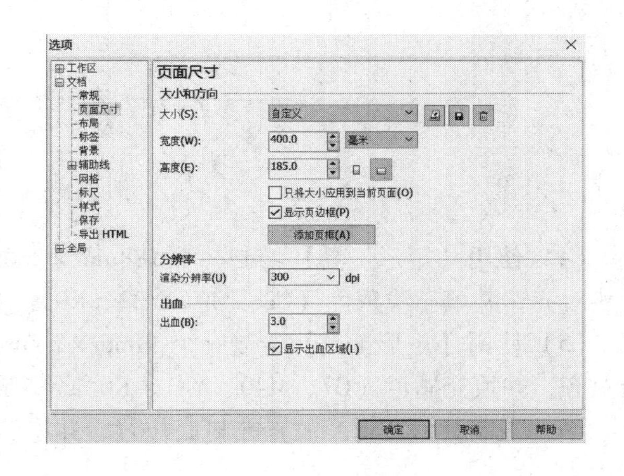

图3-1

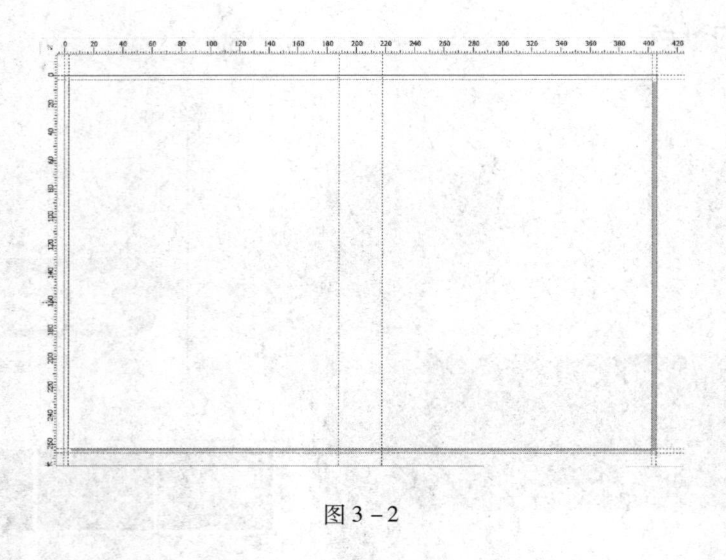

图 3－2

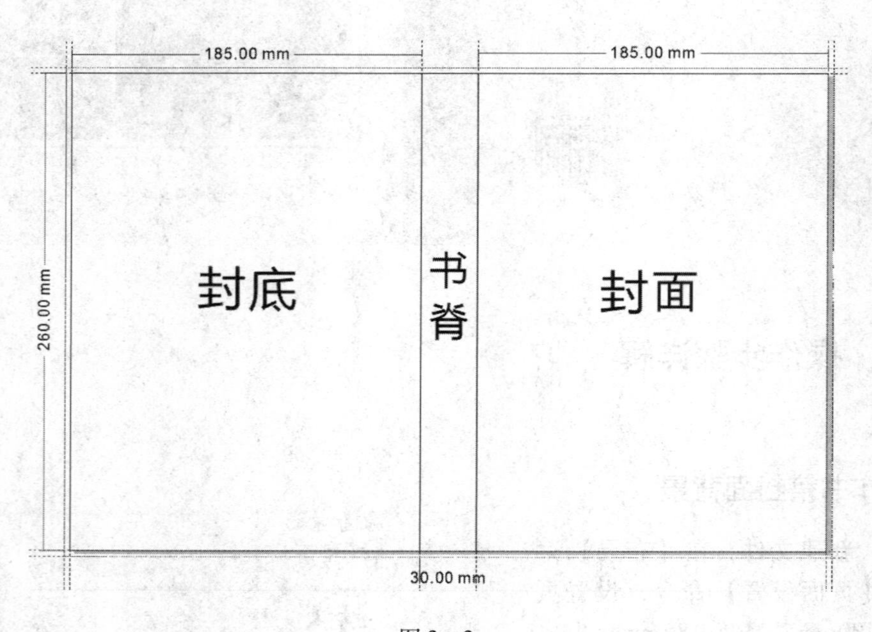

图 3－3

（4）使用【矩形工具】绘制一个 188mm × 266mm 的矩形，放置在封面位置，与辅助线对齐，并填充浅黄色（C2、M0、Y22、K0），参照图 3－4 所示。

（5）使用【矩形工具】绘制一个 30mm × 266mm 的矩形，放置在书脊位置，与辅助线对齐，并填充橘色（C7、M40、Y81、K0），参照图 3－5 所示。

（6）复制封面矩形，放置在封底位置，并将三个矩形锁定，作为背景，如图 3－6 所示。

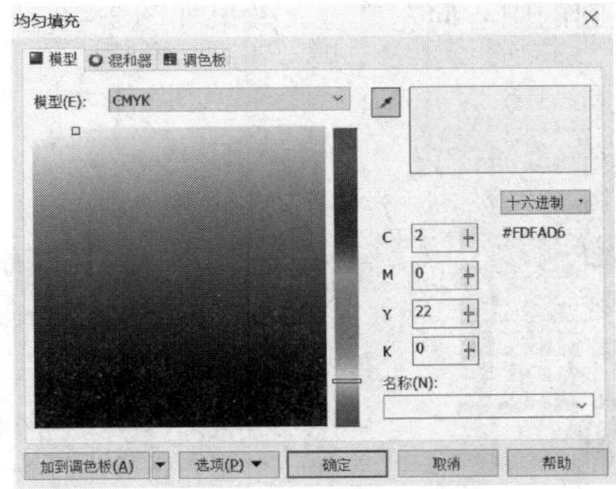

图 3－4

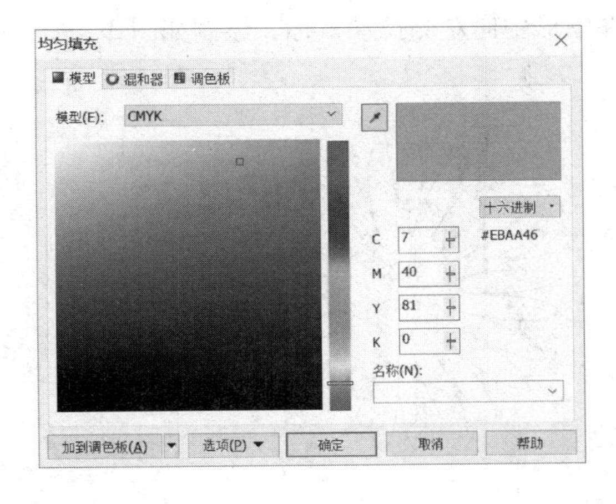

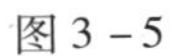

图 3－5

图 3－6

添加封面内容

(7) 单击【椭圆工具】，在页面的空白区域绘制一个正圆，如图 3－7 所示。

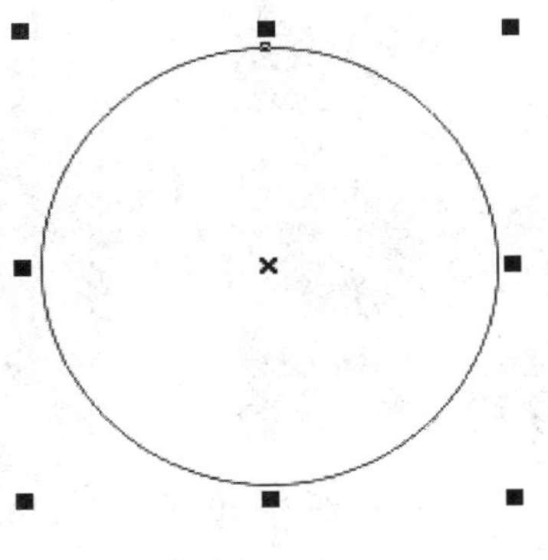

图 3－7

（8）单击【交互式工具组】中的【扭曲变形工具】，在属性栏中选择【拉链变形】，在正圆的中心向左推拉，效果如图 3－8 所示。

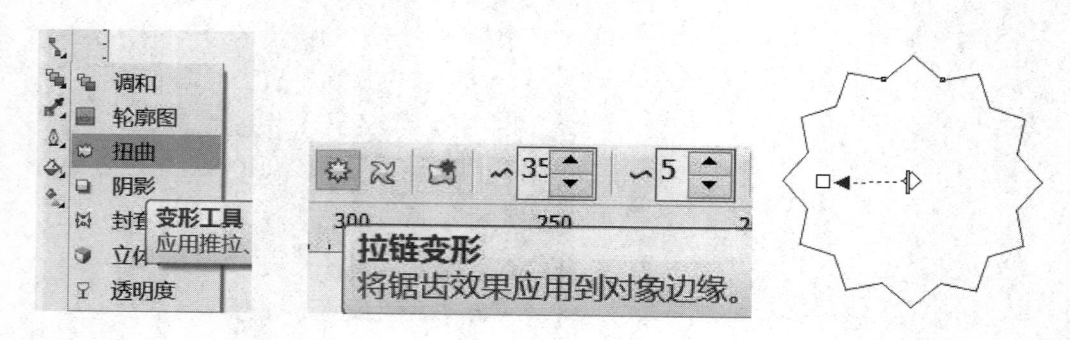

图 3－8

（9）再次单击属性栏中的【推拉变形】，在图形中向左侧拉动鼠标，绘制如图 3－9 所示图形。

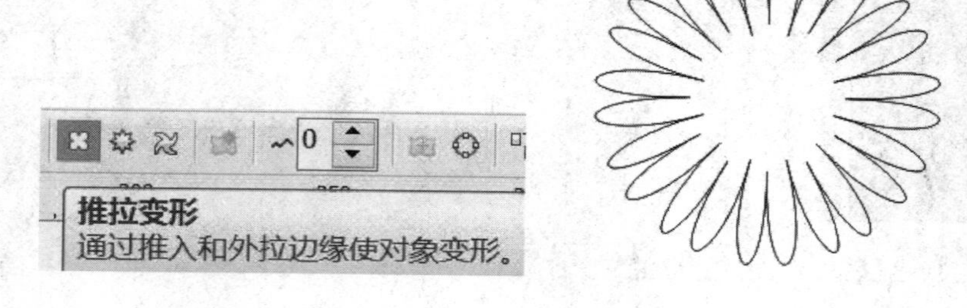

图 3－9

（10）使用【渐变填充工具】给菊花图形填充双色辐射渐变，参数设置及效果如图 3－10 所示。

图 3－10

（11）在花朵的左侧绘制一个矩形，其右边线与花朵中线对齐，如图 3－11 所示。

（12）框选两个图形，单击属性栏上的“修剪”按钮，将花朵修剪为半个，效果如图 3－12 所示。

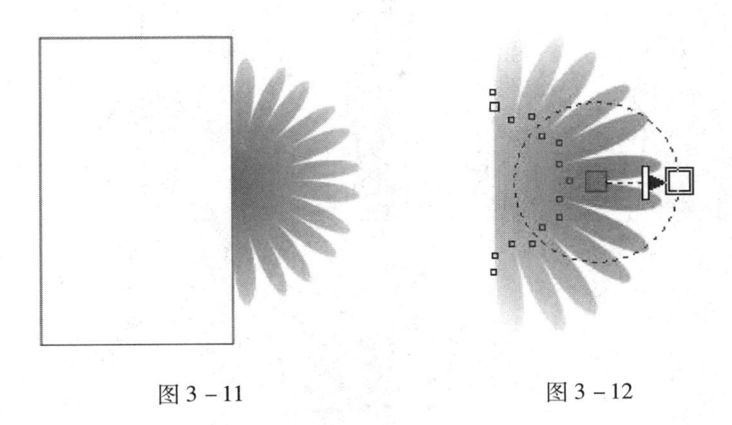

图 3－11　　图 3－12

（13）修剪后的花朵渐变填充的中心点发生了变化，单击【交互式填充工具】拖动辐射渐变的中心点移动到花蕊位置，如图 3－13 所示。

（14）将绘制好的图形复制一个，并缩小，作为花蕊，效果如图 3－14 所示。

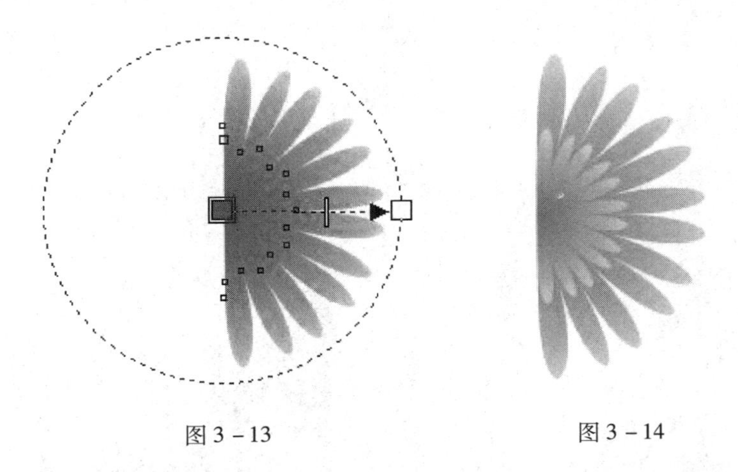

图 3－13　　图 3－14

（15）将绘制好的花朵放置在封面左上方，再复制一个，并镜像，放置在封面右下方，如图 3－15 所示。

（16）使用【矩形工具】在页面上绘制一个矩形，填充白色，描边设置为橘色（C7、M40、Y81、K0）。将矩形放置在页面合适位置，效果如图 3－16 所示。

（17）单击工具箱中的【多边形工具】下方拉列表中的【图纸工具】，绘制一个 3 行 3 列的表格，比白色矩形略小，效果如图 3－17 所示。

（18）选中刚绘制好的表格，使用“Ctrl＋U”组合键取消群组，将得到九个独立的小矩形，使用方向键微调矩形的位置，使之留有空隙，效果如图 3－18 所示。

图 3－15

图 3－16

图 3－17

图 3－18

（19）执行【文件】>【导入】命令，导入素材“任务三\素材\花朵 1. jpg”文件，执行【效果】>【图框精确剪裁】>【放置在容器中】命令，出现黑色箭头后单击第一个小矩形，将花朵图片放置在矩形中，效果如图 3－19 所示。

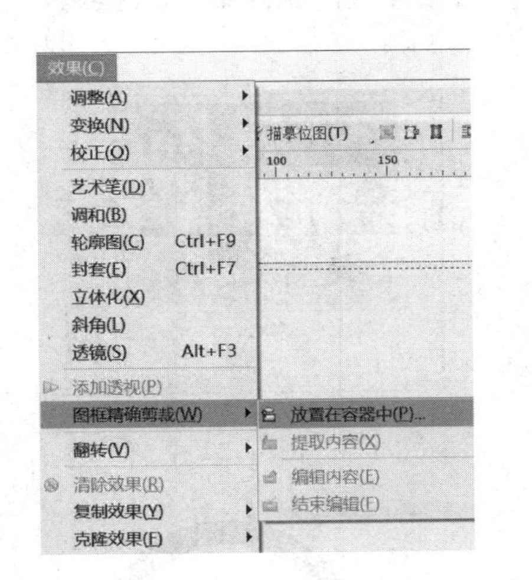

图 3－19

（20）执行【效果】>【图框精确剪裁】>【编辑图案】命令，将花朵图片移动到矩形中心，缩放到合适大小，再执行【效果】>【图框精确剪裁】>【结束编辑】命令，并去除矩形的描边，效果如图 3－20 所示。

图 3－20

（21）重复步骤（19）~（20），将其余几个矩形也分别放置花朵图片，效果如图 3－21 所示。

（22）使用【矩形工具】绘制一个橘色（C7、M40、Y81、K0）的矩形，左上角和左下角调整为圆角，如图 3－22 所示。

（23）使用【文本工具】添加文字。设置标题文字字体为华文琥珀，编著信息字体为黑体，参照图 3－23 所示效果。

（24）在页面空白处使用【椭圆工具】和【贝塞尔工具】绘制出版社标志，填充藏蓝色，效果如图 3－24 所示。

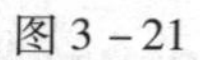

图 3－21

图 3－22

图 3－23

图 3－24

（25）使用【文本工具】输入出版社名称，设置字体“华文行楷”，填充黑色。至此书籍的正面完成，效果如图 3－25 所示。

图 3－25

制作书籍的书脊和封底

（26）参照图 3 – 26 所示，使用【文本工具】添加书脊部分的文字。

（27）参照步骤（7）～（10）的方法绘制菊花图案，并复制三个，排列如图 3 – 27 所示。

图 3 – 26

图 3 – 27

（28）执行【编辑】>【插入条形码】命令，参照图 3 – 28 设置插入条形码，并输入文字。

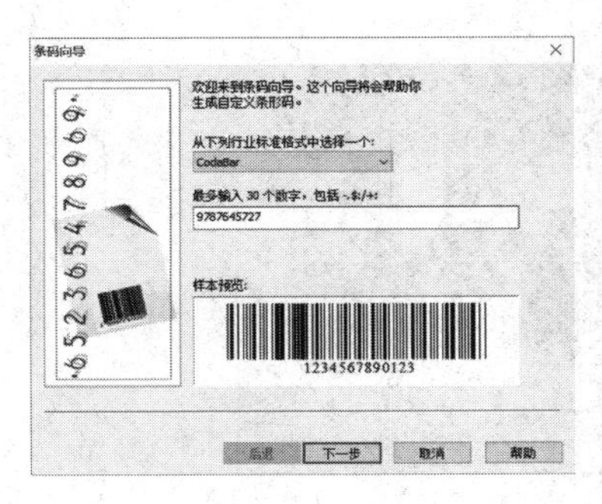

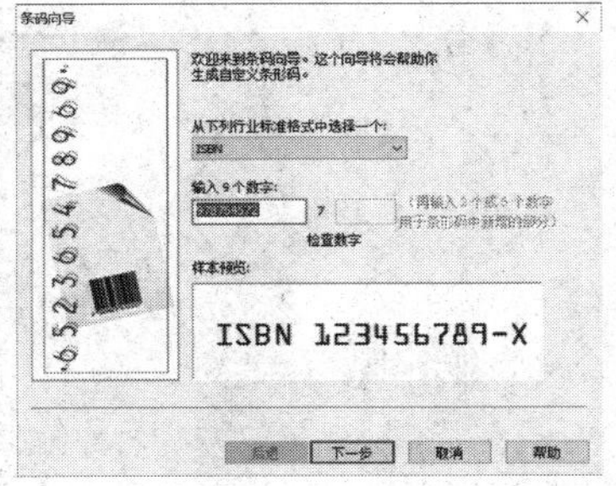

图 3 – 28

（29）使用【矩形工具】在封底绘制一个矩形，将右上角和右下角调整为圆角，并使用【交互式透明工具】将矩形透明度调整为 60%，效果如图 3 – 29 所示。

（30）使用【文本工具】添加封底的文字部分，并将绘制好的菊花图案缩小作为项目符号，效果如图 3－30 所示。

图 3－29

图 3－30

（31） 书籍封面的整体效果如图 3－31 所示。

图 3－31

知识点扩展

1 添加文本

（1）输入美术字文本

选择【文本工具】，在绘图页面中单击鼠标，出现插入文本光标，输入文字，创建出的就是美术字文本，如图 3 - 32 所示。

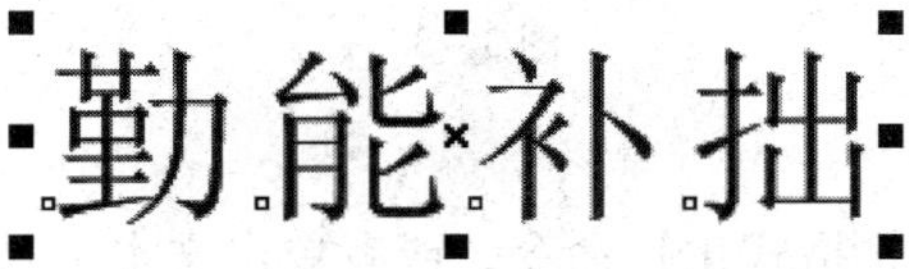

勤能补拙

图 3 - 32

（2）输入段落文本

选择【文本工具】，在绘图页面中按下鼠标左键拖动，将出现一个矩形的虚线范围框，拖动虚线框到适当大小后释放鼠标左键，形成文本框，同时出现插入文本光标，此时输入文字，即可创建段落文本，如图 3 - 33 所示，段落文本具有段落的格式。

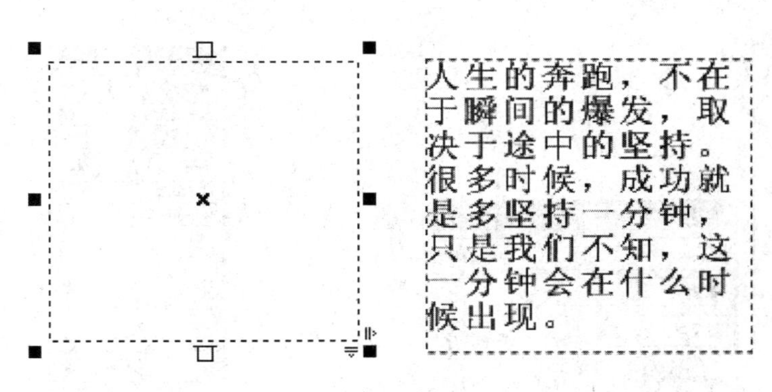

图 3 - 33

（3）美术字文本和段落文本之间的相互转换

选中美术字文本，执行【文本】 > 【转换到段落文本】 命令，可以实现美术字文本与段落文本的相互转换如图 3 - 34 所示。

图 3 - 34

如果当前所选的段落文本框存在文本溢出现象或链接了其他的文本框，或者文字应用了某些特殊效果，就不能再转换为美术字文本。

2 设置文本的属性

在 CorelDRAW X5 中，有多种设置文本属性的方法，用户可以在属性栏、泊坞窗以及相关的对话框中进行设置。

单击工具箱中的【文本工具】，属性栏如图 3－35 所示。

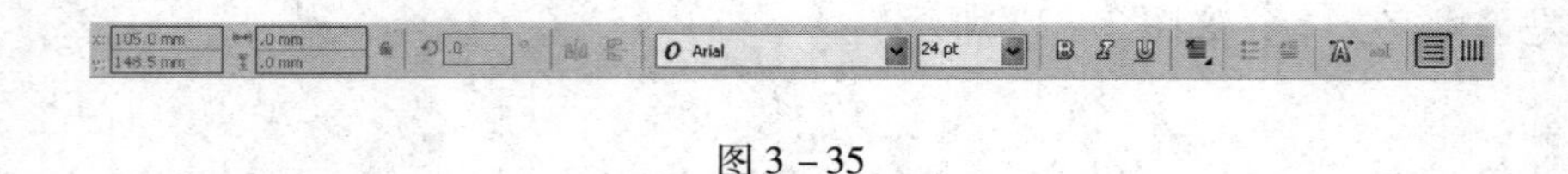

图 3－35

（1）设置字符属性

执行【文本】>【字符格式化】命令，或者单击文本工具属性栏中的【字符格式化】按钮，或者按下键盘上的“Ctrl + T”快捷键，都可以打开【字符格式化】泊坞窗，如图 3－36 所示。

（2）设置段落属性

执行【文本】>【段落格式化】命令，可打开【段落格式化】泊坞窗，用户可以在该泊坞窗中对段落文本进行更为具体的设置，图 3－37 所示为完全展开的【段落格式化】泊坞窗。

图 3－36

图 3－37

3 段落设置

（1）段落分栏

在 CorelDRAW X5 中，如果需要为文本分栏时，可执行【文本】>【栏】命令，打开【栏设置】对话框，如图 3－38 所示。

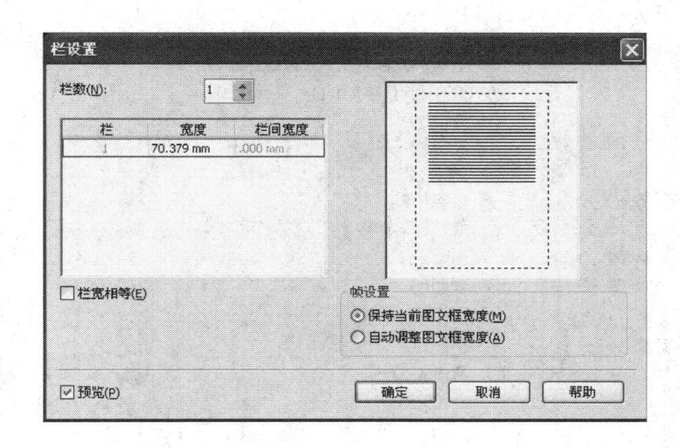

图 3－38

设置完毕后，单击“确定”按钮，即可为段落文本创建分栏效果，如图 3－39 所示。

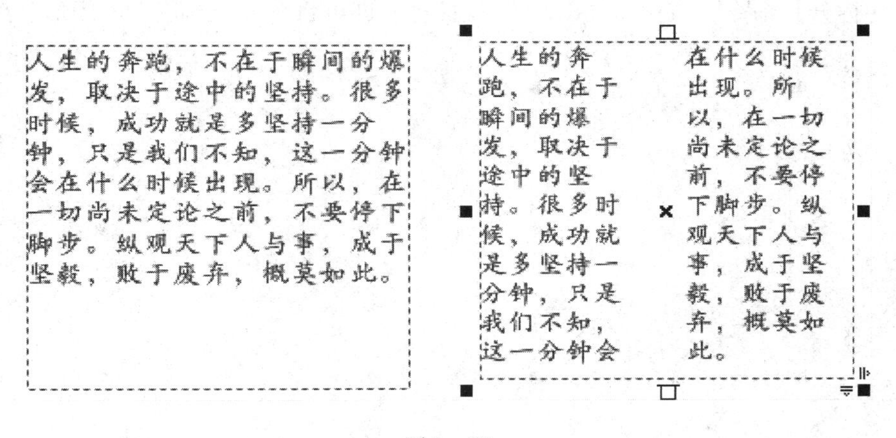

图 3－39

（2）文本绕图

要创建文本绕图效果，首先将图形对象移动至段落文本处，然后使用【选择工具】右击要环绕文本的图形对象，从弹出的菜单中选择“段落文本换行”选项，此时，用户可在绘图页面中观察到文本绕图的效果，如图 3－40 所示。

（3）图文框

在创建文本时，用户还可以在任意形状的闭合路径中创建段落文本，具体操作时，首先使用【选择工具】选中要在其中创建段落文本的图形对象，然后使用【文本工具】移动至图形对象的边缘，当光标变形后再单击鼠标，以确定插入点的位置，这时在对象内部沿轮廓线位置会出现一个虚线框，在插入光标后面键入或贴入需要的文本即可，当到达对象的边界后，它会自动进行换行，如图 3－41 所示。

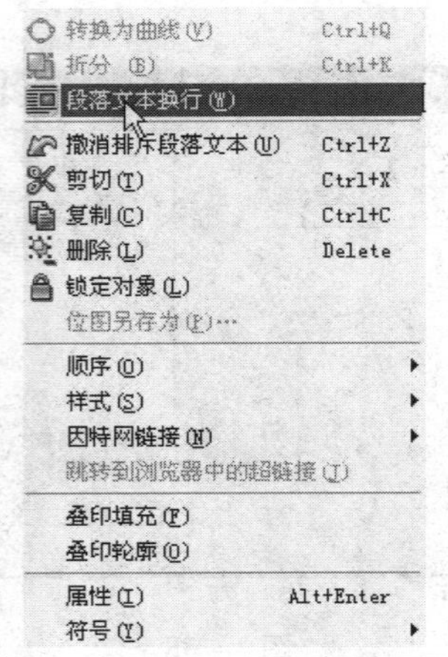

图 3－40

使用【选择工具】单击图形的内部，可以选择对象和文本框，然后执行【排列】>【拆分】命令，或按“Ctrl＋K”快捷键，即可将图文框与嵌合的图形分离。

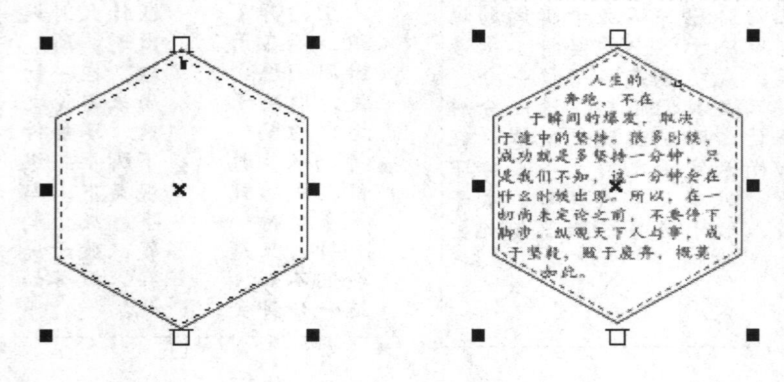

图 3－41

4 文本的编辑

在 CorelDRAW X5 中，除了对文本对象进行常规的编辑外，还可以为其设置段落连接、在图形内部创建文本，以及文本沿路径排列等操作。

(1) 段落文本的链接

当创建数量较多的文本时，键入的文本可能会超出段落文本框所能容纳的范围，出现文本溢出的现象，读者可使用 CorelDRAW 提供的文本链接功能，将当前文本框中溢出的文本放置到另一个文本框或对象中。

(2) 使用【形状工具】编辑文本

使用【形状工具】可以对文本的字间距、行距，以及单个文本的位置进行调整。使用【形状工具】选择美术字文本或段落文本后，文本对象中每个字符的左下角将显示一个节点，单击节点可单独选择字符，如图 3 – 42 所示。

图 3 – 42

（3）使文本适合路径

①沿路径键入文本

先从工具箱中选择【文本工具】，然后将鼠标指针移至需要适配到的路径的起始处，当十字光标右下方出现一个曲线标志后，再单击该路径，这时在路径轮廓线的单击处就会出现一个闪烁的光标，然后键入所需要的文本即可，如图 3 – 43 所示。

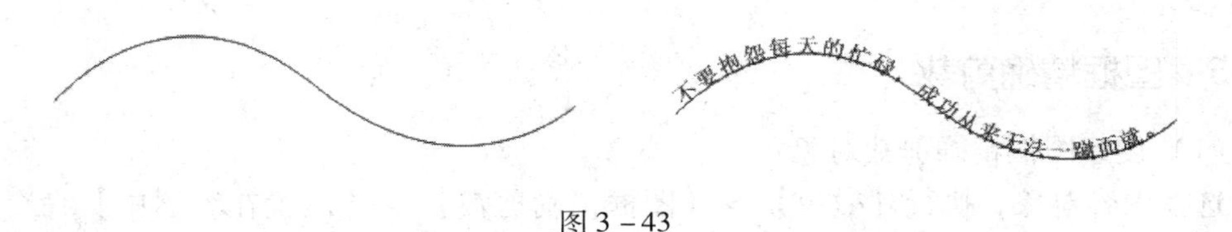

图 3 – 43

②文本适配到路径

首先使用【选择工具】选中要适配到路径的美术字文本，然后执行【文本】 >【使文本适合路径】命令，这时鼠标指针将变为水平箭头形状，单击文本要适配的路径，所选文本就会沿着路径进行排列，如图 3 – 44 所示。

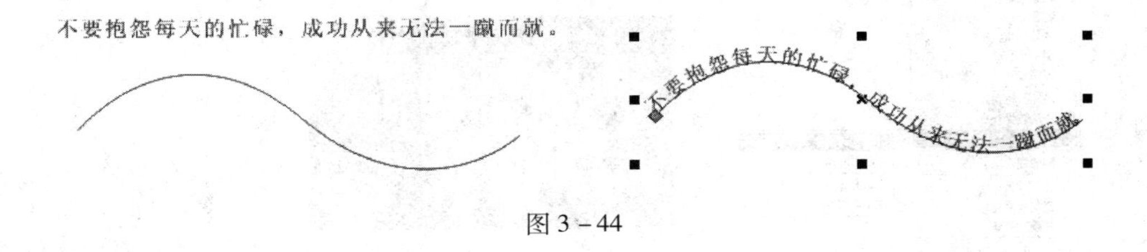

图 3 – 44

当分别完成文本对象和路径的创建后，同时将其选中，然后再执行相关命令，也可以使文本适配到路径。具体操作时，首先使用【选择工具】选中创建完成的路径，按下“Shift”键，然后单击需要沿路径排列的美术字文本，此时将同时选中这两个对象，执行【文本】 >【使文本适合路径】命令，所选的美术字文本就会与所选的路径结合在一起。

（4）文本转换为曲线

将文本转换为曲线是个很常用的功能。一般情况下，在设计师处于前期设计制作时，会保留文字的可编辑性，这是因为后期会做一些调整，便于修改。当设计内容定稿需交付印刷厂时，除非将作品中使用到的字体一并拷贝，否则就要将文字全部转换为曲线，以避免因为字体的缺失，造成设计作品效果的改变。

使文本转换为曲线的方法非常简单，只要在选择美术字文本后，在文本上右击，此时，会弹出一个菜单，选择其中的【转换为曲线】命令即可将文本转换为曲线，如图 3－45 所示。

图 3－45

5 图框精确剪裁

（1）创建图框精确剪裁对象

选择内容对象，执行【效果】>【图框精确剪裁】>【放置在容器中】命令，鼠标指针将变为水平箭头状，将其移至容器对象上并单击鼠标，即可将该对象置入到容器中，并且会以两个对象的中心点进行对齐，效果如图 3－46 所示。

(a) (b)

(c) (d)

图 3－46

（2）提取内容

如果需要将置入容器对象的内容对象提取出来，执行【效果】>【图框精确剪裁】>【提取内容】命令即可。提取内容后，图框精确剪裁对象将变成普通对象。

（3）编辑内容

选择图框精确剪裁对象后，执行【效果】>【图框精确剪裁】>【编辑内容】命令，置入容器的对象将全部显示出来，而容器对象只显示轮廓线，用户可移动该对象的位置，或者对其进行缩放、旋转等变换操作。编辑完成后，执行【效果】>【图框精确剪裁】>【结束编辑】命令，修改过的对象将会重新放置到容器对象中，同时结束编辑过程，如图 3－47 所示。

图 3－47

独立实践任务　4 课时

任务二　设计制作教程封面

任务背景

某出版社要出版一本关于 CoreDRAWX5 的软件教程书籍，需要对这本书的封面进行设计制作。

任务要求

要体现软件的功能特点，风格时尚活泼，使读者对该软件感兴趣。

任务分析

设计时引入时尚元素，颜色选用纯度较高的色彩来表现，封面用怀旧的纸张来体现。运用表格、CoreDRAWX5 绘制和编辑图形的手法来展现软件功能的强大。

任务参考效果图〉〉

模块二

InDesign篇

项目四 设计制作书籍插画——绘制编辑图形

任务参考效果图〉〉

能力目标

1. 掌握使用 InDesign CS6 基本图形工具和基本形状工具绘制及编辑图形的方法。
2. 掌握使用 InDesign CS6 路径绘制及编辑图形的方法。
3. 能设计制作各种类型的书籍插画。

软件知识目标

1. 掌握绘制基本图形的方法。
2. 掌握绘制路径的方法。
3. 掌握如何对图形、路径进行基本的编辑。

专业知识目标

1. 了解在 InDesign CS6 中基本图形、绘制路径涵盖的内容。
2. 熟悉图形工具与钢笔工具的用法。
3. 对绘制的图形能根据要求进行编辑。
4. 掌握软件中路径的相关知识。

课时安排

4 节课（讲 2 课时，实践 2 课时）

模拟制作任务 2 课时

任务一 设计制作儿童书籍插画

任务背景

由于某儿童读物的文字稿件中的某一页内容需要更换插图，所以需要重新创建一幅插画。

任务要求

书籍插画的设计要求围绕儿童读物的特点展开，画面色彩鲜艳，能够吸引儿童的阅读兴趣。

任务分析

本次插图的绘制的重点是突出插图重要性，主题明确，所有图形均在 InDesign 中制作完成。

本案例的难点

操作步骤详解

新建文件并创建天空背景

（1）启动 InDesign CS6，执行【文件】>【新建】命令，弹出【新建文档】对话框，如图 4－1 所示。单击“边距和分栏”按钮，弹出如图 4－2 所示的对话框，单击“确定”按钮，新建一个页面。

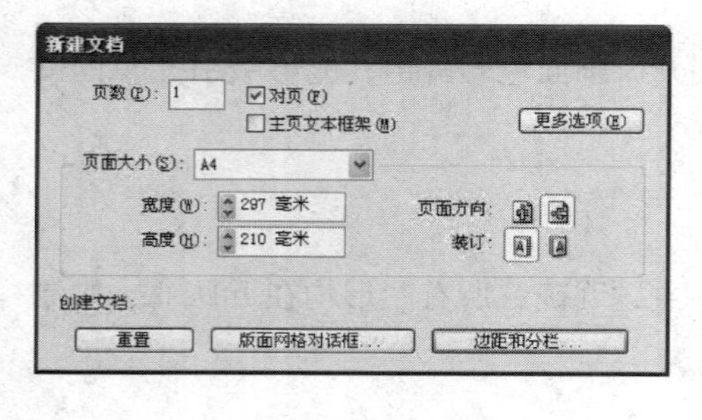

图 4－1

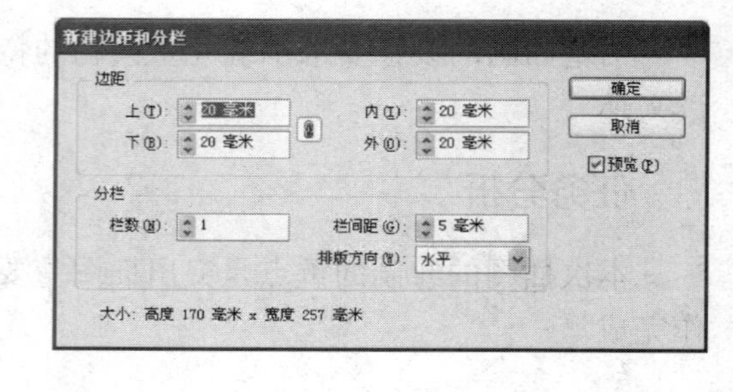

图 4－2

（2）选择【矩形工具】，在页面中单击鼠标，弹出【矩形】对话框，在对话框中进行参数设置，如图 4 - 3 所示，单击“确定”按钮，得到一个矩形，如图 4 - 4 所示。

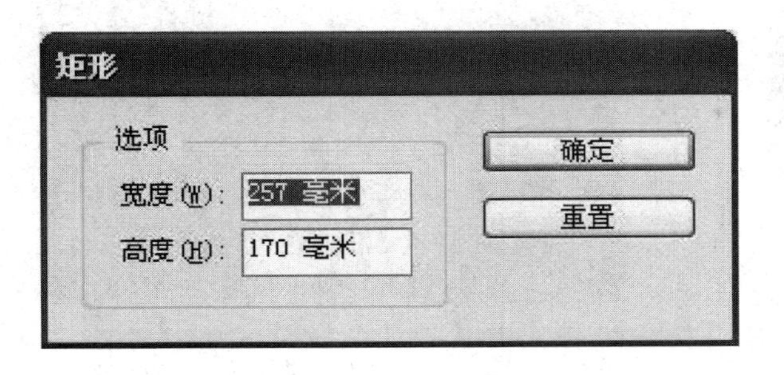

图 4 - 3

图 4 - 4

(3) 双击【渐变色板工具】，弹出【渐变】面板，类型选择【线型】，在色带上设置 3 个渐变滑块，分别将渐变滑块的位置设为 0、100，并设置 CMYK 的值为 0（0、0、0、0）、100（40、0、97、0）如图 4 - 5 所示，矩形被填充渐变色并设置描边色为无，效果如图 4 - 6 所示。

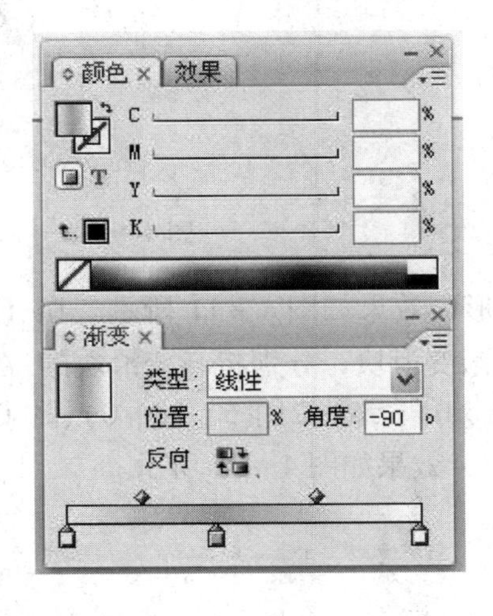

图 4 - 5

图 4 - 6

绘制草坪背景

(4) 选择【钢笔工具】，在适当的位置绘制一个图形，效果如图 4 - 7 所示。设置图形填充色的 CMYK 值为：0、0、53、0，填充图形并设置描边色为无，效果如图4 - 8 所示。

(5) 选择【钢笔工具】，在适当的位置绘制一个图形，效果如图 4 - 9 所示。设置图形填充色的 CMYK 值为：20、2、70、0，填充图形并设置描边色为无，效果如图 4 - 10 所示。

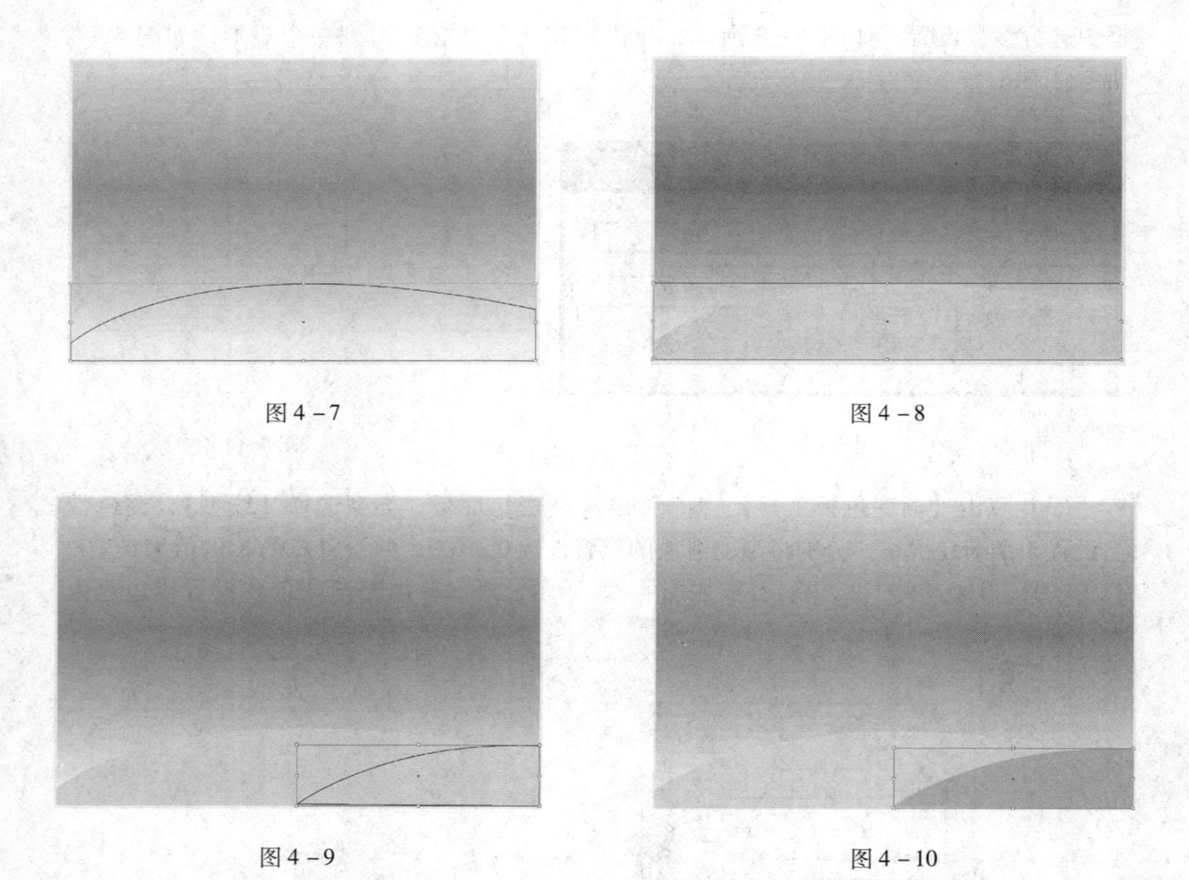

图 4 – 7

图 4 – 8

图 4 – 9

图 4 – 10

（6）选择【钢笔工具】，绘制一个图形，效果如图 4 – 11 所示。在【渐变】面板中，类型选择【线型】，在色带上设置 3 个渐变滑块，分别将渐变滑块的位置设为 0、52、100，并设置 CMYK 的值为 0（43、7、96、0）、52（21、5、88、0）、100（42、8、93、0），在渐变图形的左方至右方拖曳渐变色，效果如图 4 – 12 所示。

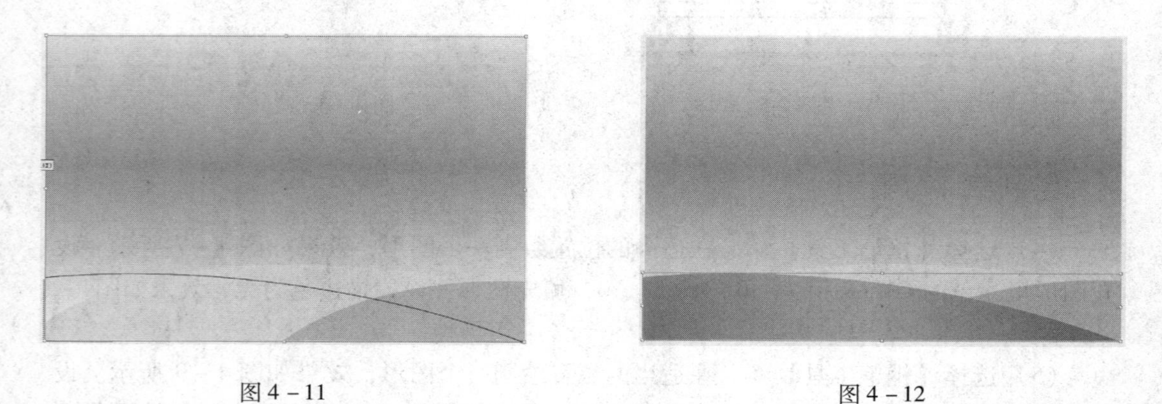

图 4 – 11

图 4 – 12

（7）继续选择【钢笔工具】，绘制一条小路的图状，效果如图 4 – 13 所示。在

【渐变】面板中，类型选择【线型】，在色带上设置 2 个渐变滑块，分别将渐变滑块的位置设为 0、100，并设置 CMYK 的值为 0（3、0、24、0）、100（5、15、27、0），在渐变图形的上方至下方拖曳渐变色，效果如图 4 – 14 所示。

图 4 – 13

图 4 – 14

绘制背景小树

（8）选择【钢笔工具】，绘制两个图形，把两个图形放置合适位置，按快捷键“Ctrl + G”编组，效果如图 4 – 15 所示。树的叶子图形部分填充渐变色，在【渐变】面板中，类型选择【线型】，在色带上设置 3 个渐变滑块，分别将渐变滑块的位置设为 0、42、100，并设置 CMYK 的值为 0（31、2、44、0）、42（41、5、67、0）、100（24、5、60、0），在渐变图形的左方至右方拖曳渐变色，填充图形并设置描边色为无；树干颜色填充 CMYK 值为：34、28、97、0，效果如图 4 – 16 所示。

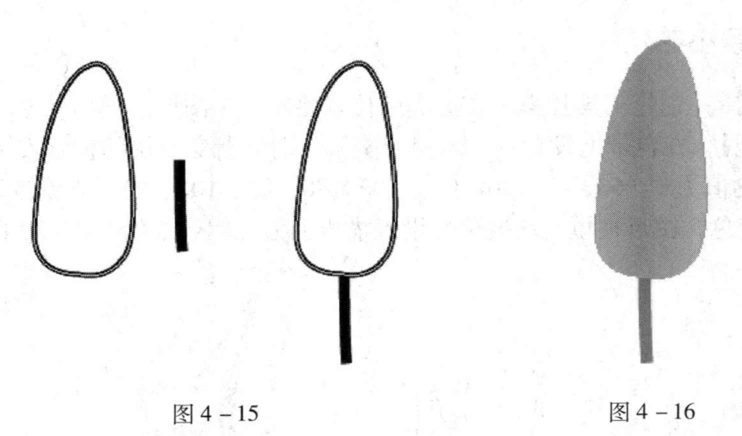

图 4 – 15　　图 4 – 16

（9）选择【选择工具】，选中小树图形，按快捷键“Ctrl + C”复制两棵小树，同时选中三棵小树，在控制调板中单击“向选定的目标添加对象效果”按钮，在弹出的菜单中选择【基本羽化】命令，弹出【效果】对话框，在对话框中进行参数设置，如图 4 – 17 所示，单击“确定”按钮，效果如图 4 – 18 所示。

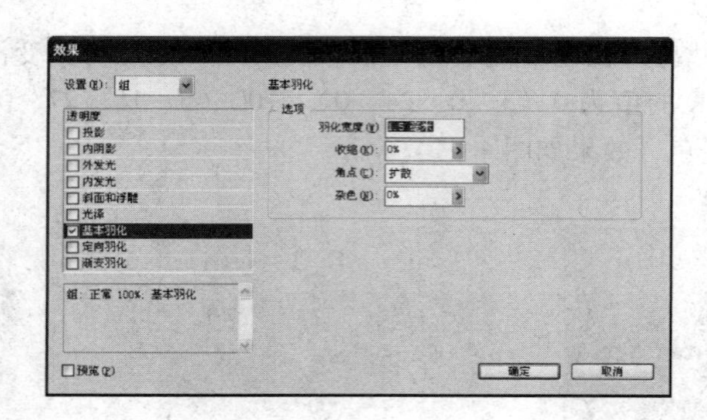

图 4－17

图 4－18

（10）选择【选择工具】，选中小树图形，按快捷键“Ctrl + C”复制，排放合适位置，效果如图 4－19 所示。

图 4－19

绘制背景小花

（11）选择【钢笔工具】，在适当的位置绘制一个图形，弹出【渐变】面板，类型选择【线型】，在色带上设置 2 个渐变滑块，分别将渐变滑块的位置设为 0、100，并设置 CMYK 的值为 0（60、0、100、0）、100（78、22、100、0），在渐变图形的上方至下方拖曳渐变色，图形被填充渐变色并设置描边色为无，效果如图 4－20 所示。

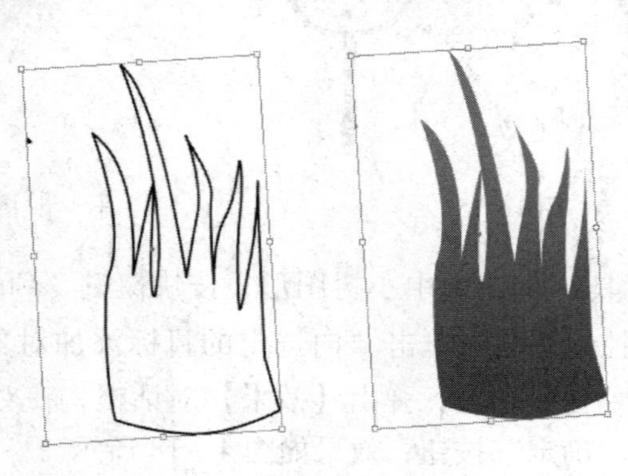

图 4－20

（12）选择【钢笔工具】，在适当的位置绘制一个花瓣图形。设置图形填充色的CMYK值为：0、80、44、0，填充图形并设置描边色为无，效果如图4－21所示。

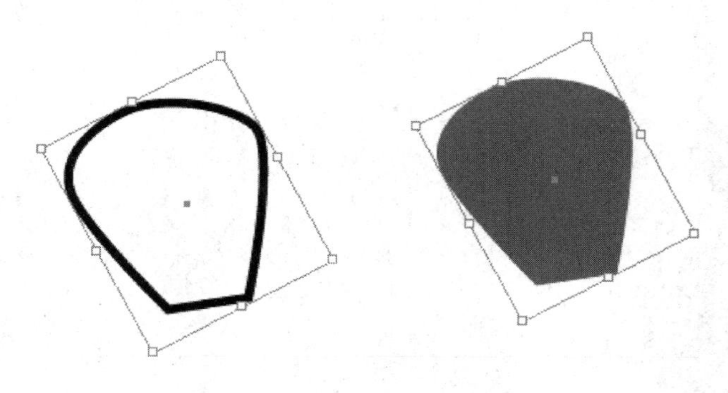

图4－21

（13）选择【选择工具】，选中花瓣图形，按快捷键“Ctrl＋C”复制多个图形，然后再选择【自由变换工具】，调整复制图形的大小及角度，效果如图4－22所示。

（14）选择【椭圆工具】，在适当的位置绘制一个椭圆，设置图形填充色的CMYK值为：0、0、100、0，填充图形并设置描边色为无，效果如图4－23所示。

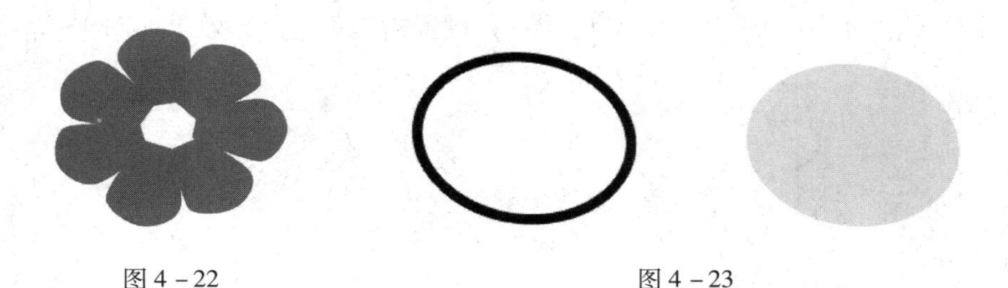

图4－22　　图4－23

（15）选择【选择工具】，把椭圆放到合适的位置，按快捷键“Ctrl＋A”选中椭圆与所有的花瓣图形按快捷键“Ctrl＋G”编组，效果如图4－24所示。

（16）选择【选择工具】，选中花朵图形，按快捷键“Ctrl＋C”复制一个图形，设置花瓣图形填充色的CMYK值为：7、3、84、0，设置心椭圆图形填充色的CMYK值为：100、0、100、0，效果如图4－25所示。

图4－24　　图4－25

（17）选择【选择工具】，选中花朵图形，放置适当的位置，按快捷键“Ctrl＋

A”选中椭圆与所有的花瓣图形按快捷键“Ctrl + G”编组，效果如图 4 – 26 所示。

(18) 选择【选择工具】，选中整个花朵图形，按快捷键“Ctrl + C”复制多个花朵，然后调整复制图形的大小，放到合适的位置，效果如图 4 – 27 所示。

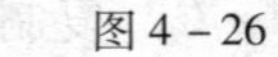

图 4 – 26

图 4 – 27

绘制白云、热气球

(19) 选择【钢笔工具】，在适当的位置绘制一个白云形状的图形，设置图形填充色的 CMYK 值为：0、0、0、0，填充图形并设置描边色为无，效果如图 4 – 28 所示。

图 4 – 28

(20) 选择【选择工具】，选中白云图形，在控制调板中单击“向选定的目标添加对象效果”按钮，在弹出的菜单中选择【投影】命令，弹出【效果】对话框，在对话框中进行参数设置，如图 4 – 29 所示，单击“确定”按钮，然后把图形放到合适位置，效果如图 4 – 30 所示。

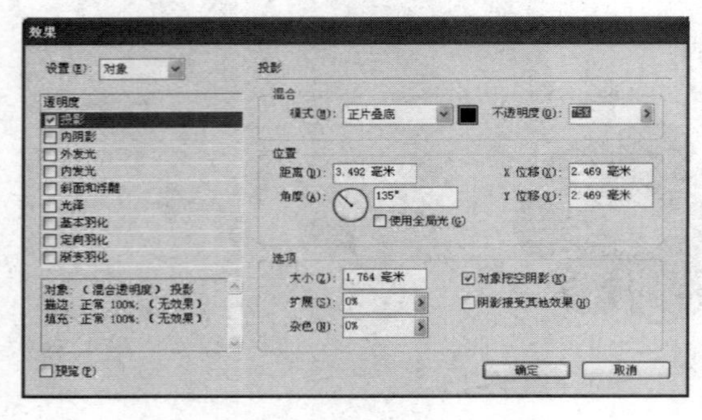

图 4 – 29

图 4 – 30

(21) 选择【钢笔工具】，在适当的位置利用【复制】、【水平翻转】命令绘制一个完整的热气球形状的图形，效果如图 4-31 所示。

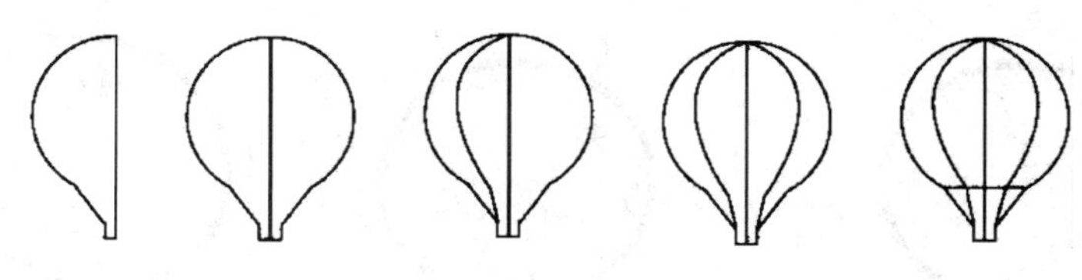

图 4-31

(22) 双击【渐变色板工具】，弹出【渐变】面板，类型选择【线型】，在色带上设置 2 个渐变滑块，分别将渐变滑块的位置设为 0、100，并设置 CMYK 的值为 0 (80、0、0、12)、100 (0、0、0、0)，在渐变图形的上方至下方拖曳渐变色，图形被填充渐变色并设置描边色为无，效果如图 4-32 所示。

图 4-32

(23) 选择【选择工具】，选中整个热气球图形，按快捷键“Ctrl + C”复制一个热气球，弹出【渐变】面板，类型选择【线型】，在色带上设置 2 个渐变滑块，分别将渐变滑块的位置设为 0、100，并设置 CMYK 的值为 0 (0、80、0、0)、100 (0、0、0、0)，在渐变图形的上方至下方拖曳渐变色，图形被填充渐变色并设置描边色为无，效果如图 4-33 所示。然后调整两个热气球图形的大小，放到合适的位置，效果如图 4-34 所示。

图 4-33

图 4-34

绘制蝴蝶

(24) 选择【椭圆工具】，在适当的位置绘制一个椭圆，设置图形填充色的

CMYK 值为：10、8、62、0，选中图形，在控制调板中的【旋转角度】文本框中输入“34”，然后把图形放到合适位置，效果如图 4－35 所示。

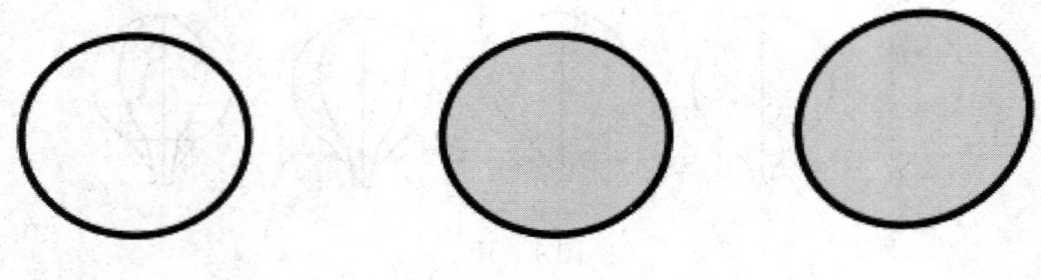

图 4－35

（25）选择【椭圆工具】，按“Shift”键在适当的位置绘制一个圆，填充图形为黑色，设置描边色的 CMYK 值为：11、18、80、0，填充描边，在控制面板的【描边粗细】文本框中输入“0.15”。选择【选择工具】，选中刚绘制好的图形，按快捷键“Ctrl＋C”复制，然后把图形放到合适位置，效果如图 4－36 所示。

（26）选择【钢笔工具】，在适当的位置绘制一弧线，描边颜色设置为黑色，在控制面板的【描边粗细】文本框中输入“0.15”。然后用同样的方法绘制一条弯曲的螺旋线，参数设置同上，把图形放到合适位置，效果如图 4－37 所示。

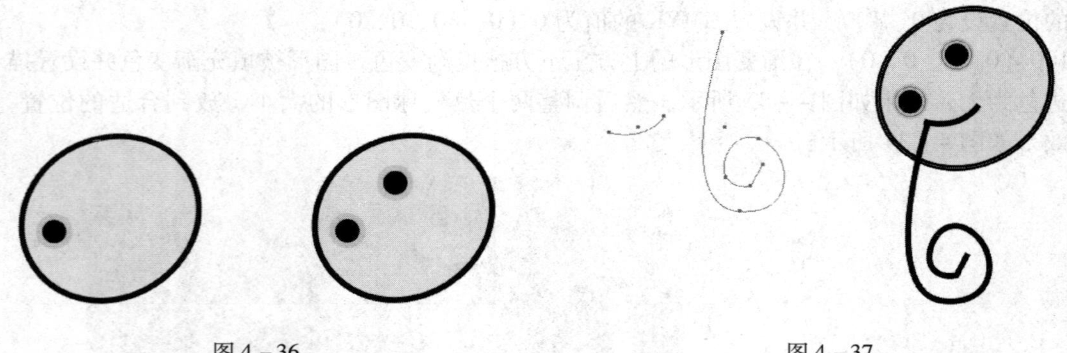

图 4－36　　　　图 4－37

（27）用相同的方法在适当的位置绘制一弧线，描边颜色设置为黑色，点开【描边】对话框，在对话框中进行参数设置，如图 4－38 所示，单击“确定”按钮。然后选中刚绘制好的图形，按快捷键“Ctrl＋C”复制，在控制调板中单击“水平翻转”按钮，选择【自由变换工具】，调整复制图形的角度，把图形放到合适位置，效果如图 4－39 所示。

（28）选择【选择工具】，选中刚绘制好的头部圆形，按快捷键“Ctrl＋C”复制，在控制调板中的【旋转角度】文本框中输入“55”，然后把图形放到合适位置，效果如图 4－40 所示。

（29）选择【钢笔工具】，绘制一个蝴蝶肚子形状的图形，单击【工具箱】中的【吸管工具】对图形进行边线和内部的填充。用相同的方法，绘制几条线段，边线粗细设置为 0.25mm，颜色设置为：0、35、100、13，把图形放到合适位置，效果如图4－41 所示。

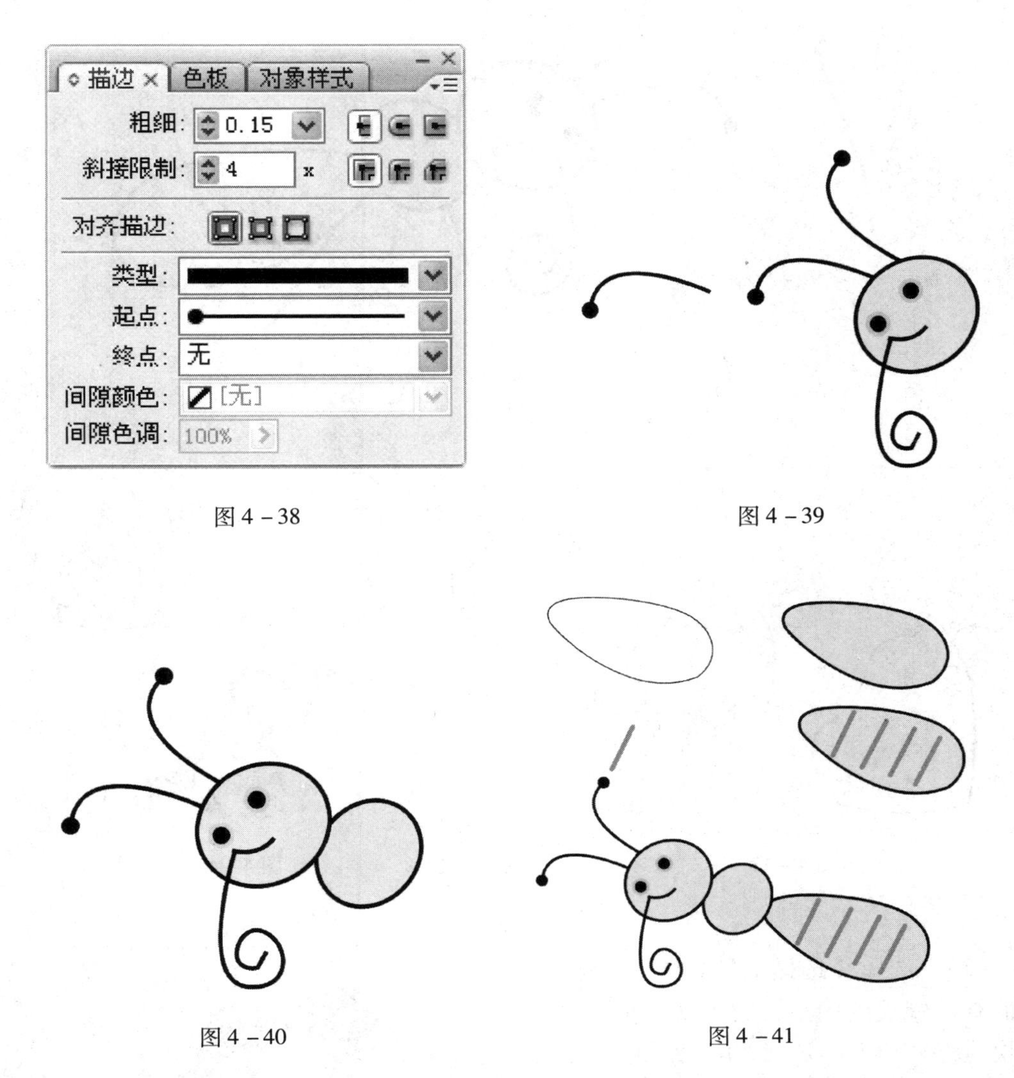

图 4－38

图 4－39

图 4－40

图 4－41

（30）用同样的方法，选中刚绘制好的蝴蝶腿，边线粗细设置为 0.15mm，颜色设置为黑色，按快捷键“Ctrl + C”再复制两条，调整好长度放置合适的位置，效果如图 4－42 所示。

（31）选择【钢笔工具】，绘制一个蝴蝶翅膀图形，边线设置为黑色，粗细设置为 0.15mm，颜色设置为：11、18、80、0，把图形放到合适位置，效果如图 4－43 所示。

（32）继续选择【钢笔工具】，在合适的位置绘制图形，边线设置为黑色，粗细设置为 0.15mm，把图形放到合适位置，图形填充颜色设置为：53、94、82、32，效果如图 4－44 所示。

图 4－42

图 4－43　　　　图 4－44

（33）选择【选择工具】，选中所有的有关蝴蝶的图形，放置适当的位置，按快捷键“Ctrl + G”编组，组成一只完整的蝴蝶，效果如图 4－45 所示。

（34）选择【选择工具】，选中蝴蝶图形，在控制调板中单击“向选定的目标添加对象效果”按钮，在弹出的菜单中选择【投影】命令，弹出【效果】对话框，在对话框中进行参数设置，如图 4－46 所示，单击“确定”按钮，然后把图形放到合适位置，效果如图 4－47 所示。

图 4－45

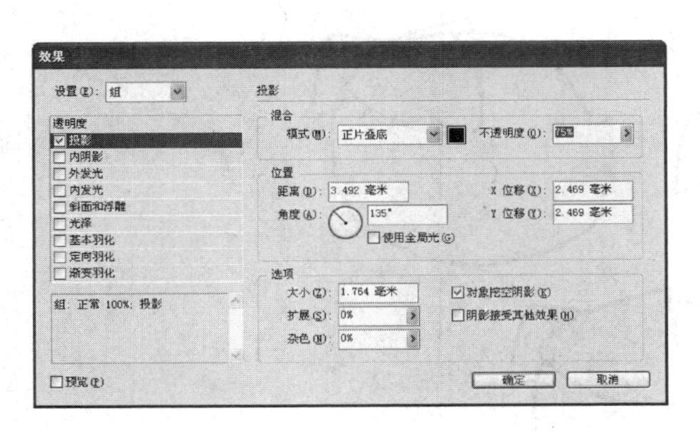

图 4 – 46

图 4 – 47

绘制小猪

（35）选择【钢笔工具】，在合适的位置绘制猪头的形状图形，边线设置为黑色，粗细设置为 0.6mm，图形填充色的 CMYK 值为：0、15、15、0，效果如图 4 – 48 所示。

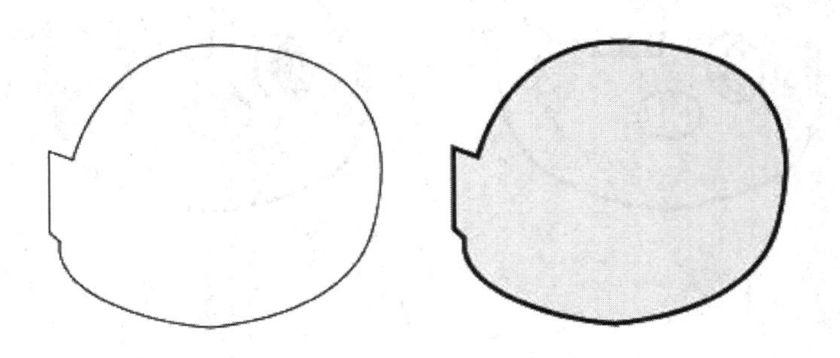

图 4 – 48

（36）选择【钢笔工具】，绘制猪耳朵图形，边线设置为黑色，粗细设置为 0.6mm，颜色设置为：0、15、15、0，把图形放到合适位置，效果如图 4 – 49 所示。

（37）选择【椭圆工具】和【钢笔工具】，绘制眼睛、鼻孔、腮红，放到合适的位置，腮红边线为黑色粗细设置为 0.6mm，填充色的 CMYK 值为 0、43、87、0，其他填充黑白色，郊果如图 4 – 50 所示。

（38）选择【钢笔工具】，在适当的位置绘制弧线，描边颜色设置为黑色，其中嘴巴图形需点开【描边】对话框，在对话框中进行参数设置，如图 4 – 51 所示，单击“确定”按钮。把图形放到合适位置，全选按快捷键“Ctrl + G”编组，效果如图 4 – 52 所示。

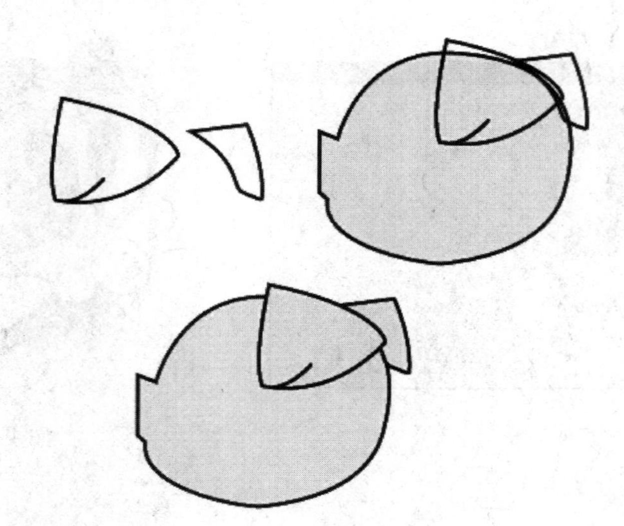

图 4 - 49

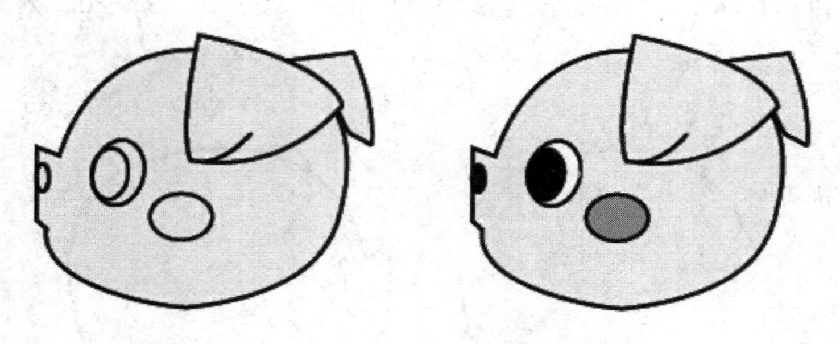

图 4 - 50

图 4 - 51

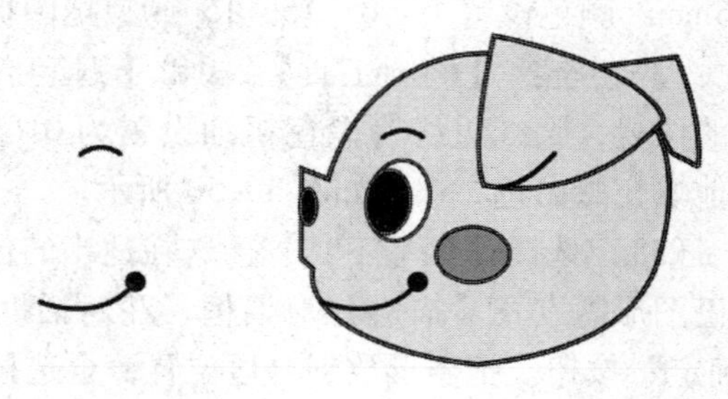

图 4 - 52

（39）选择【钢笔工具】，绘制小猪身体，放到合适的位置，边线为黑色粗细设置为0.6mm，填充色的CMYK值为0、15、15、0，把图形放到合适位置，效果如图4－53所示。

图4－53

（40）继续使用【钢笔工具】，绘制小猪的手和脚，边线为黑色粗细设置为0.6mm，填充色的CMYK值为0、53、85、0，把图形放到合适位置，效果如图4－54所示。

图4－54

（41）选择【钢笔工具】，绘制小猪的衣服，边线为黑色粗细设置为0.6mm，衣服填充色的CMYK值为76、14、47、0，纽扣填充色的CMYK值为0、43、87、0，效果如图4－55所示。

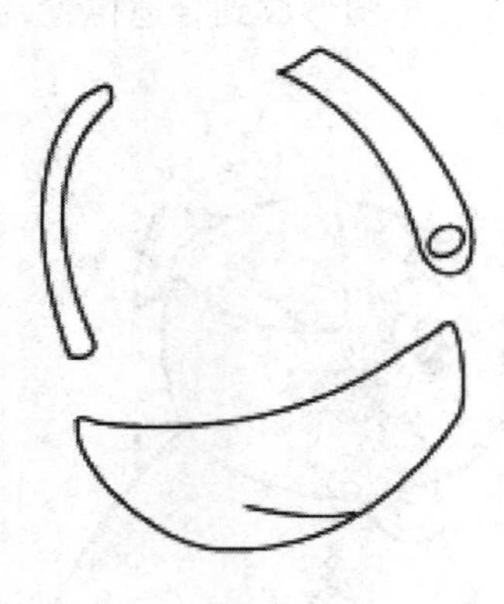
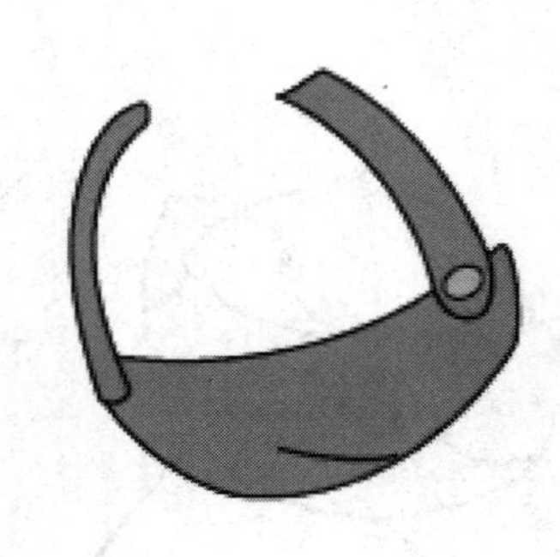

图 4－55

（42）选择【选择工具】 ，选中衣服图形，放置适当的位置，按快捷键“Ctrl + G”编组，组成一只完整的猪的图形，效果如图 4－56 所示。

图 4－56

（43）选择【选择工具】 ，选中小猪、蝴蝶图形，在控制调板中单击“向选定的目标添加对象效果”按钮 ，在弹出的菜单中选择【投影】命令，弹出【效果】对话框，在对话框中进行参数设置，如图 4－57 所示，单击“确定”按钮，然后把图形放到合适位置，效果如图 4－58 所示。

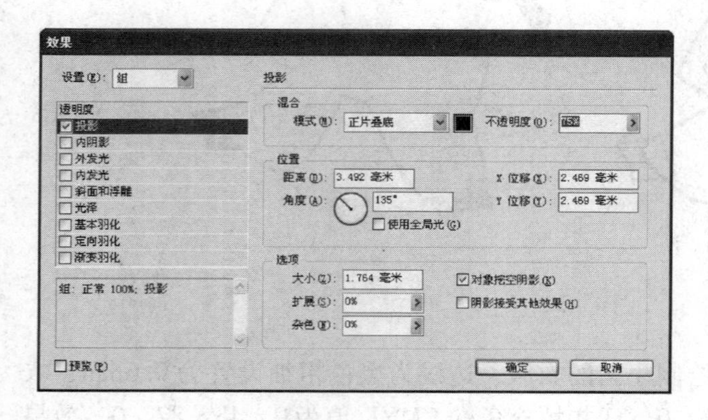

图 4－57

图 4－58

（44）选择【选择工具】，选中小猪、蝴蝶图形，拖曳至绘制好的底图中，然后把图形放到合适位置并调整大小，书籍插图绘制完成，最终效果如图 4 - 59 所示。

图 4 - 59

知识点扩展

1 绘制基本图形

在 InDesign 中可以用基本图形绘制一些简单的图形，如直线、曲线、色块等，也可以用路径工具绘制出自由曲线和任意形状，还可以对这些图形进行描边、填充颜色等操作。

（1）绘制直线

选择工具箱中的【直线工具】，在页面上按住鼠标左键不放，拖曳到合适位置释放鼠标后，得到一条直线，如图 4 - 60 所示。按“Shift”键可以绘制水平直线、垂直直线或 45°的直线，如图 4 - 61 所示。

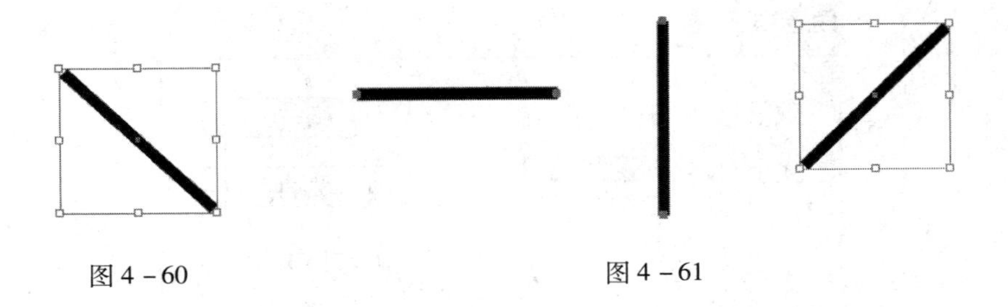

图 4 - 60　　　　图 4 - 61

（2）绘制矩形

①使用鼠标直接拖曳绘制矩形

选择工具箱中的【矩形工具】，按住鼠标左键拖曳到合适的位置松开鼠标，即可绘制出一个矩形，如图 4－62 所示。按住“Shift”键进行拖曳，可以绘制出一个正方形，如图 4－63 所示。

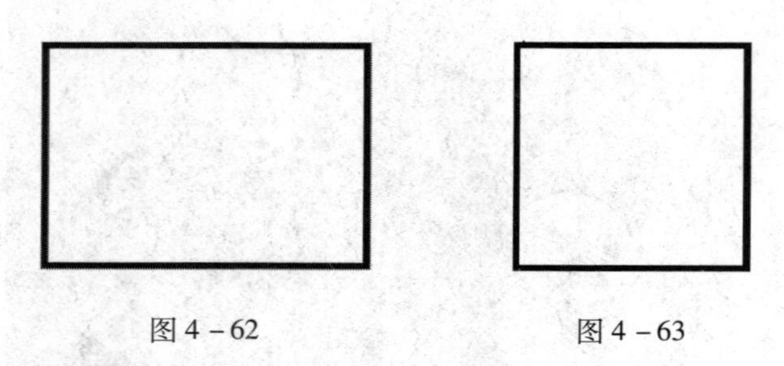

图 4－62　　　　图 4－63

②使用对话框精确绘制矩形

选择工具箱中的【矩形工具】，在页面上单击鼠标左键，在弹出的【矩形】对话框中设置所要矩形的宽度和高度，可以更精确地绘制矩形，如图 4－64 所示。

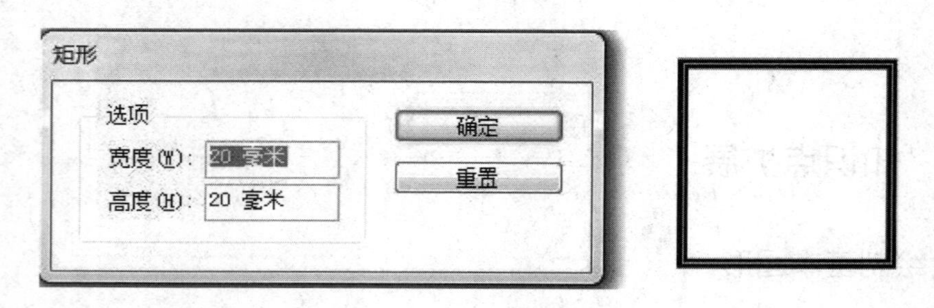

图 4－64

③使用【角选项】命令制作矩形角的变形

选择工具箱中的【选择工具】，选取绘制好的矩形。执行菜单【对象】>【角选项】命令，弹出【角选项】对话框，如图 4－65 所示。在【效果】下拉列表中可分别设置需要的角效果，在【大小】文本框中输入值以指定角效果到每个角点的扩展半径，单击“确定”按钮，效果如图 4－66 所示。

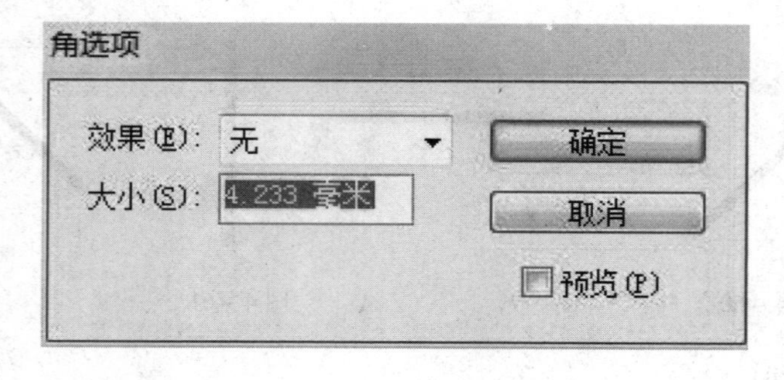

图 4－65

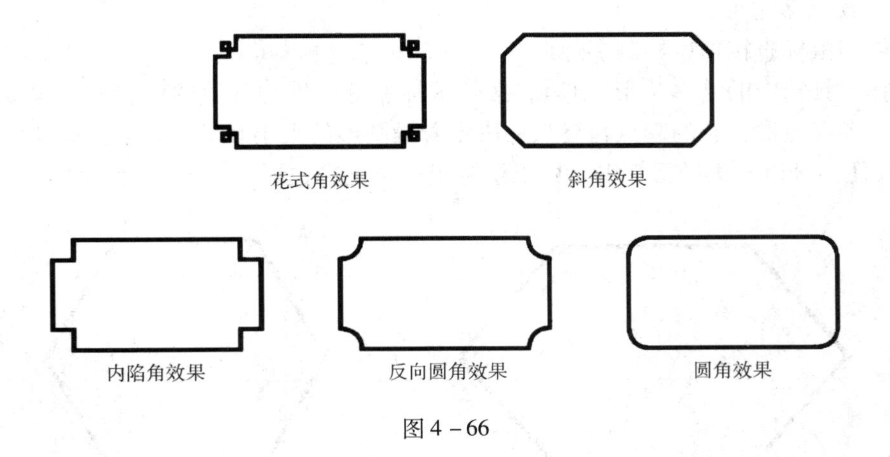

图 4－66

(3) 绘制椭圆形和圆形

①使用鼠标直接拖曳绘制圆形

选择工具箱中的【椭圆工具】，按住鼠标左键拖曳到合适的位置松开鼠标，即可绘制出一个椭圆形，它的起点与终点处决定着椭圆形的大小和形状。按住“Shift”键进行拖曳，可以绘制出一个正方形，如图 4－67 所示。

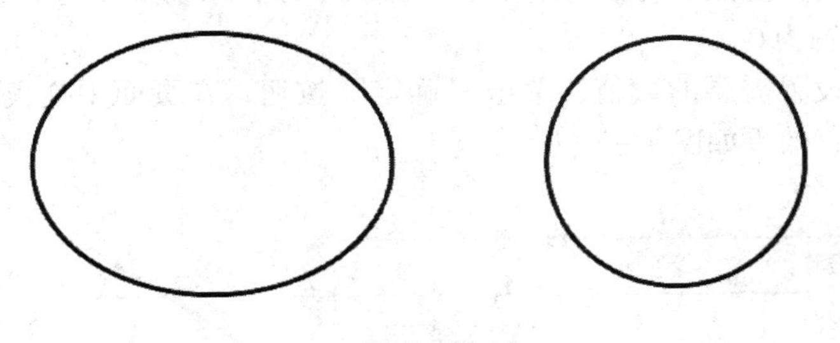

图 4－67

②使用对话框精确绘制圆形

选择工具箱中的【椭圆工具】，在页面上单击鼠标左键，在弹出的【矩形】对话框中设置所要矩形的宽度和高度，可以更精确地绘制矩形，如图 4－68 所示。

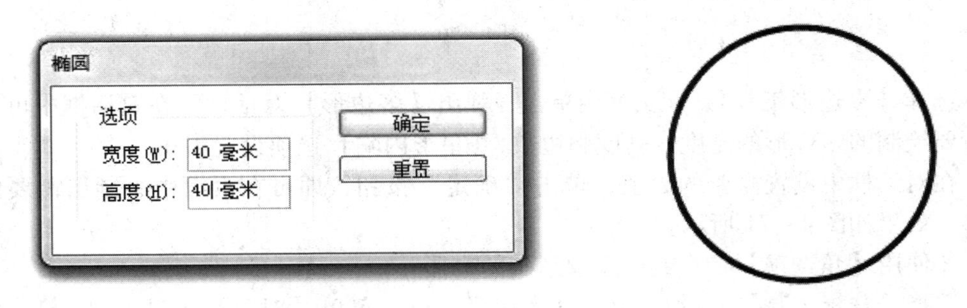

图 4－68

（4）绘制多边形

①使用鼠标直接拖曳绘制多边形

选择工具箱中的【多边形工具】，按住鼠标左键拖曳到合适的位置松开鼠标，即可绘制出一个多边形，它的起点与终点处决定着椭圆形的大小和形状，软件默认的边数值为6。按住“Shift”键进行拖曳，可以绘制出一个正多边形，如图4－69所示。

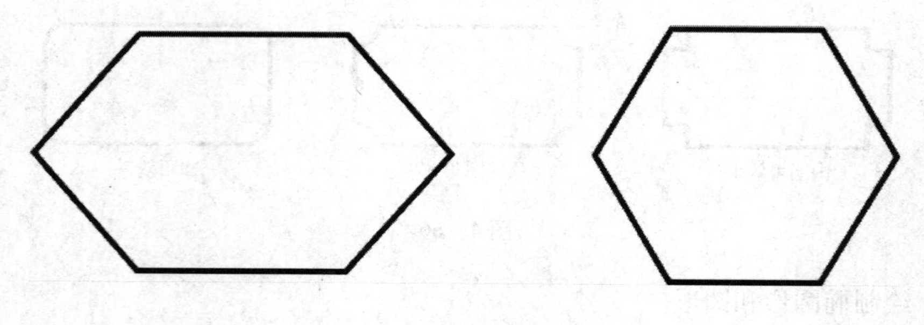

图4－69

②使用对话框精确绘制多边形

双击工具箱中的【多边形工具】，弹出【多边形设置】对话框。在【边数】选项中，可以通过改变数值框中的数值或单击“微调”按钮来设置多边形的边数。【星形内陷】选项一般设置为0。

在对话框中设置需要的数值，单击“确定”按钮，在页面中拖曳鼠标，即可绘制出需要的多边形，效果如图4－70所示。

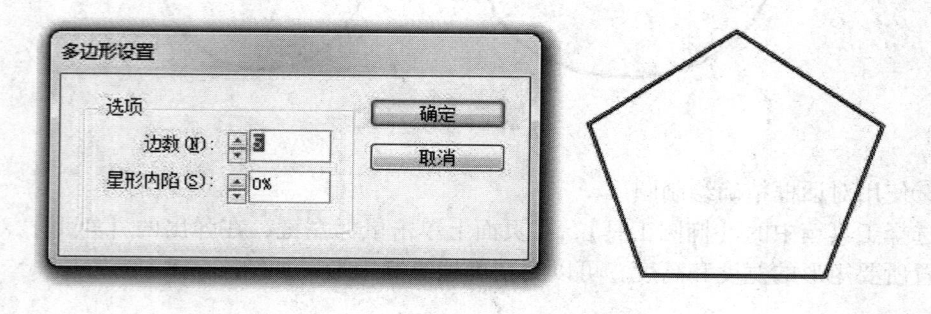

图4－70

选择【多边形工具】，在页面内单击，弹出【多边形】对话框。在对话框中可以设置所要绘制的多边形的宽度、高度和边数，【星形内陷】选项设置为0。

在对话框中设置需要的数值，单击“确定”按钮，即可在页面中绘制出需要的多边形，效果如图4－71所示。

③使用【角选项】命令制作多边形角的变形

选择【选择工具】，选取绘制好的多边形，执行菜单【对象】>【角选项】命令，弹出【角选项】对话框，在【效果】下拉列表中可分别设置需要的角效果，单击“确

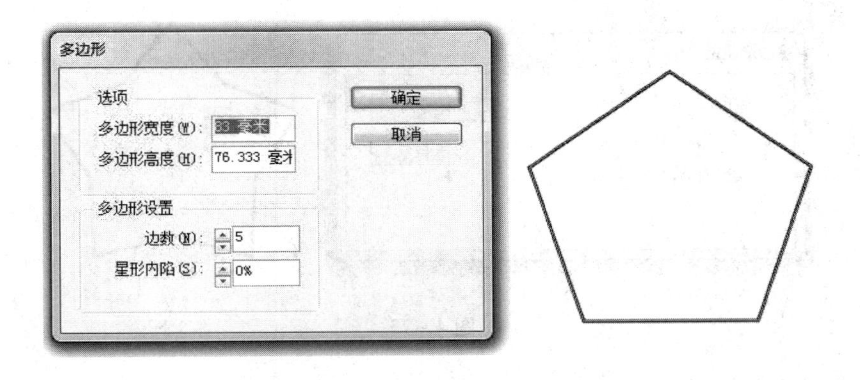

图 4－71

定”按钮，效果如图 4－72 所示。

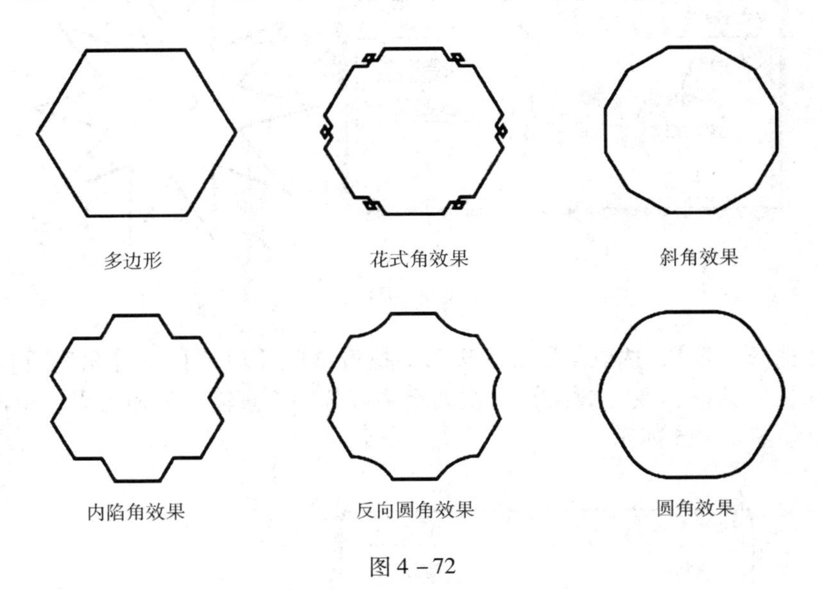

图 4－72

(5) 绘制星形

①使用鼠标直接拖曳绘制多边形

双击【多边形工具】，弹出【多边形设置】对话框。在边数选项中，可以通过改变数值框中的数值或单击“微调”按钮来设置多边形的边数。在【星形内陷】选项中，可以通过改变数值框中的数值或单击“微调”按钮来设置多边形尖角的锐化程度。

在对话框中设置需要的数值，单击“确定”按钮，即可在页面中绘制出需要的星形。效果如图 4－73 所示。

选择【多边形工具】，在页面内单击，弹出【多边形】对话框。在对话框中可以设置所要绘制的星形的宽度、高度、边数和内陷值。

在对话框中设置需要的数值，单击“确定”按钮，即可在页面中绘制出需要的图

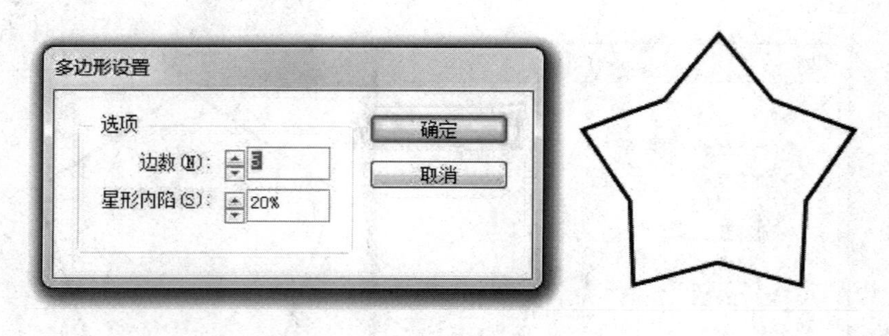

图 4 – 73

形，效果如图 4 – 74 所示。

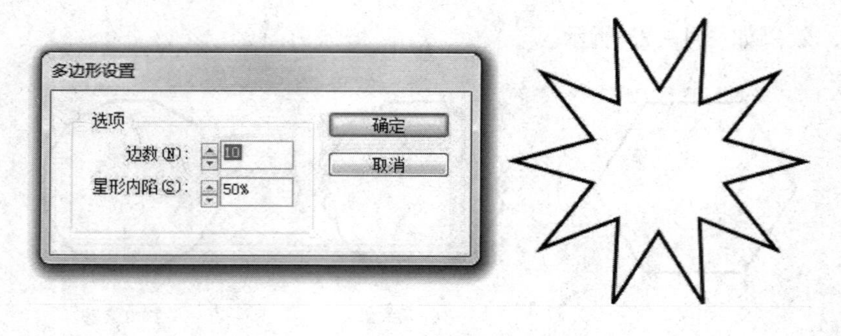

图 4 – 74

选择【选择工具】，选取绘制好的星形，执行菜单【对象】 >【角选项】命令，弹出【角选项】对话框，在【效果】下拉列表中可分别设置需要的角效果，单击“确定”按钮，效果如图 4 – 75 所示。

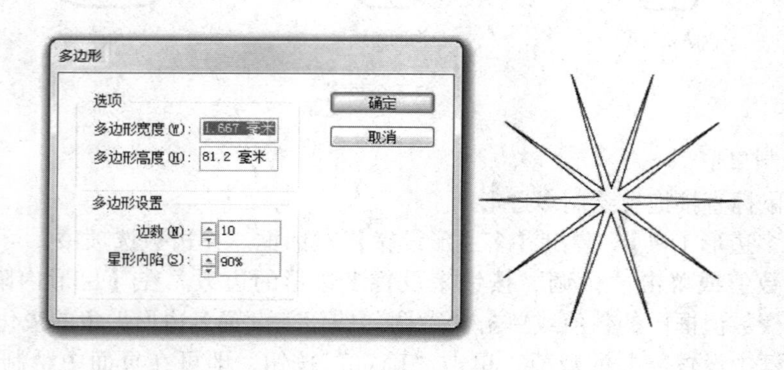

图 4 – 75

②使用【角选项】命令制作星形角的变形

选择【选择工具】，选取绘制好的多边形，执行菜单【对象】 >【角选项】命令，弹出【角选项】对话框，在【效果】下拉列表中可分别设置需要的角效果，单击“确定”按钮，效果如图4－76所示。

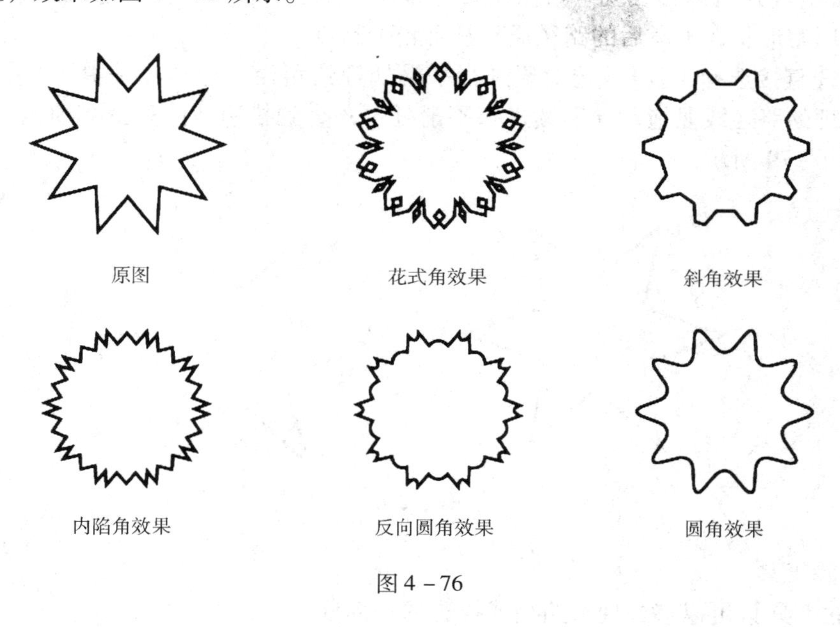

图4－76

（6）绘制路径

①绘制自由线段和闭合路径

选择工具箱中的【钢笔工具】，在页面上单击鼠标左键，创建一条路径，在路径的创建点处单击鼠标左键可以得到一个闭合的路径，如图4－77所示。

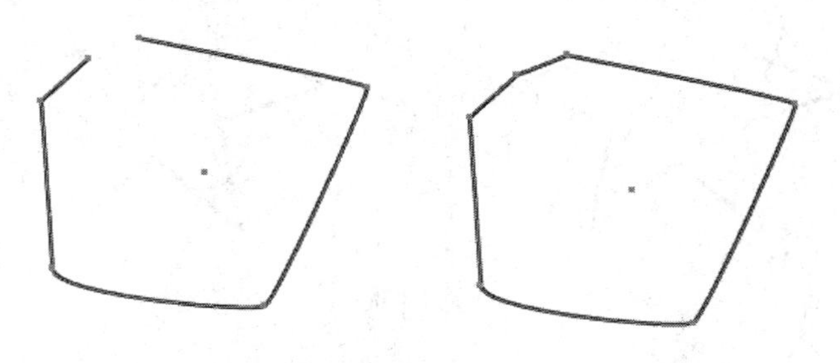

图4－77

②铅笔工具

选择工具箱中的【铅笔工具】，就像使用铅笔在纸张上进行绘制一样。能绘制开放路径和封闭路径，如图4－78所示。

图4－78

③平滑工具

【平滑工具】可以移去现有路径或某一部分路径中的多余尖角，它最大程度地保留了路径的原始形状，平滑后的路径通常具有较少的点。

选择【直接选择工具】，选取要进行平滑处理的路径。选择【平滑工具】，沿要进行平滑处理的路径线段拖动，继续进行平滑处理，直到描边或路径达到所需的平滑度，效果如图 4 - 79 所示。

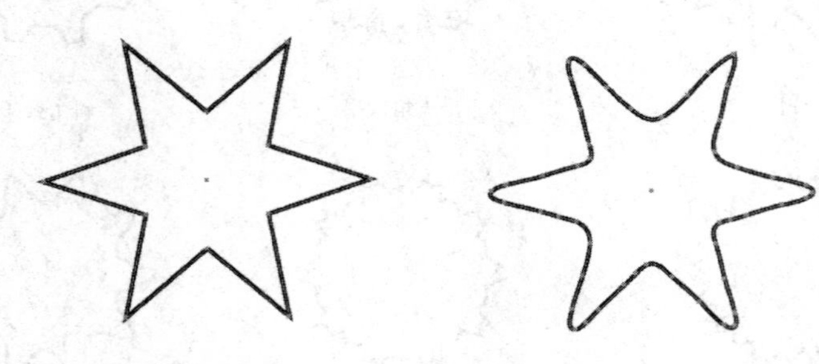

图 4 - 79

④抹除工具

【抹除工具】可以移去现有路径或描边的一部分。

选择【直接选择工具】，选取要抹除的路径，选择【抹除工具】，沿要抹除的路径段拖动，抹除后的路径断开生成两个端点，效果如图 4 - 80 所示。

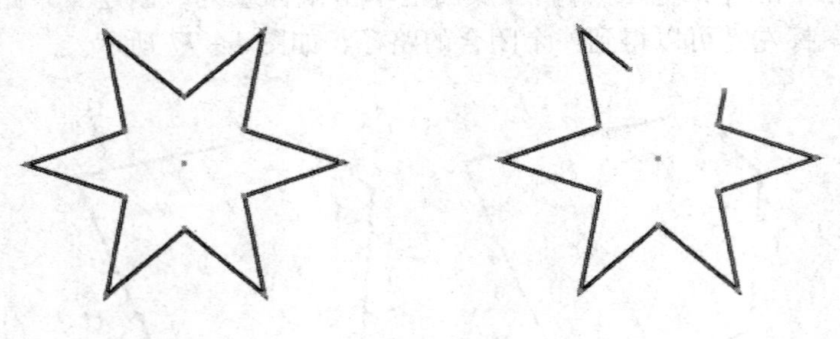

图 4 - 80

2　编辑图形

在 InDesign 中可以使用多种工具和命令来对其进行编辑修改，如在路径上添加或删除锚点、移动锚点、编辑方向线。可以使用【直接选择工具】调整路径锚点以修改图形的形状，在【描边面板】面板中设置描边形状，使用【色板】面板为图形添加颜色等。

(1) 使用工具编辑图形

①使用【选择工具】编辑图形

选择工具箱中的【选择工具】选中图形之后，可以对该图形进行移动和缩放操作，如图 4－81 所示。

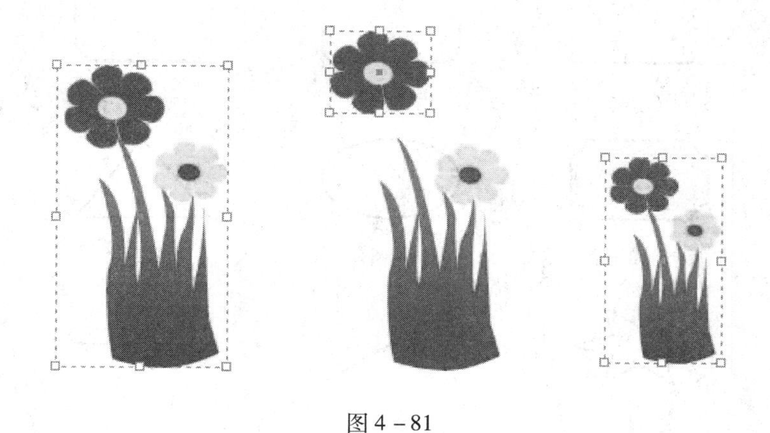

图 4－81

②使用【直接选择工具】编辑图形

选择工具箱中的【直接选择工具】，选中图形的锚点，然后移动锚点以改变图形的形状，将光标移动到锚点上，可以看到锚点被移动后图形形状发生的改变，如图 4－82 所示。

（2）使用菜单命令编辑图形

①转换形状

选择工具箱中的【选择工具】选中需要转换的图形，执行菜单【对象】>【转换形状】或者菜单【窗口】>【对象和面板】>【路径查找器】命令，弹出【路径查找器】面板，如图 4－83 所示。在其子菜单中包括：【矩形】【圆角矩形】【斜角矩形】【反向圆角矩形】【椭圆】【三角形】【多边形】【线条】和【正交直线】，效果如图 4－84 所示。

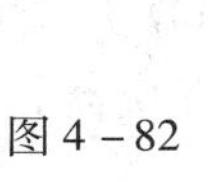

图 4－82

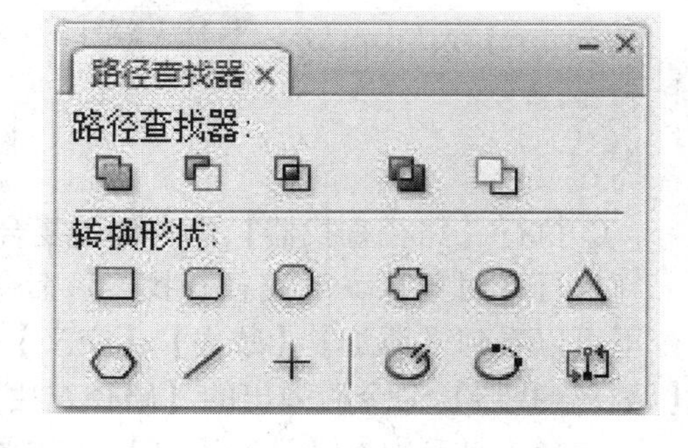

图 4－83

②建立复合路径

复合路径是将多个路径合并为一个路径。创建复合路径时，所有选定的路径将成为

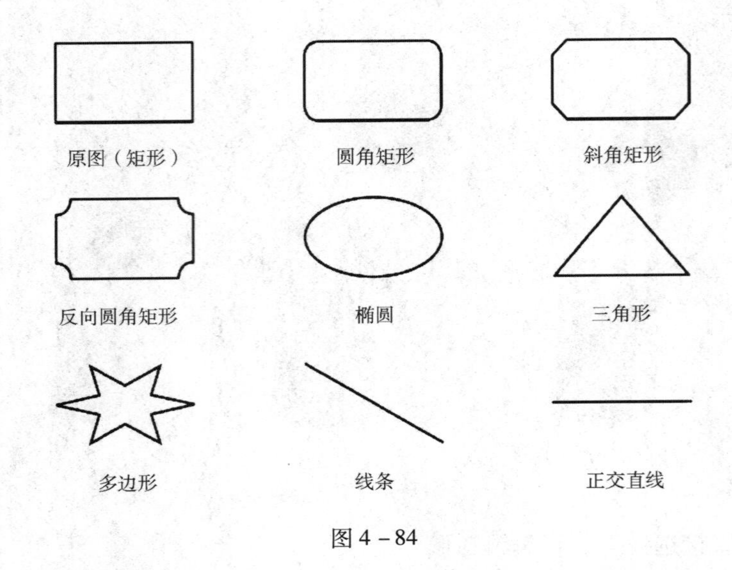

图 4－84

复合路径的子路径，选中多个路径或者图形后，执行【对象】>【路径】>【建立复合路径】命令，可以看到多个路径被合并为一个路径，如图 4－85 所示。

图 4－85

③执行【路径查找器】命令创建复合路径

执行【对象】>【路径查找器】命令，可以创建复合路径。在【路径查找器】命令下可以看到【添加】【减去】【交叉】等命令与执行【窗口】>【对象和面板】>【路径查找器】命令后弹出的【路径查找器】面板中的命令相同。

选择工具箱中的【选择工具】，选中两个路径，在【路径查找器】面板中单击“添加”按钮，可以得到如图 4－86 所示的效果。

④描边

【描边】面板可以将描边设置应用于路径、形状、文本轮廓，控制描边的粗细和外

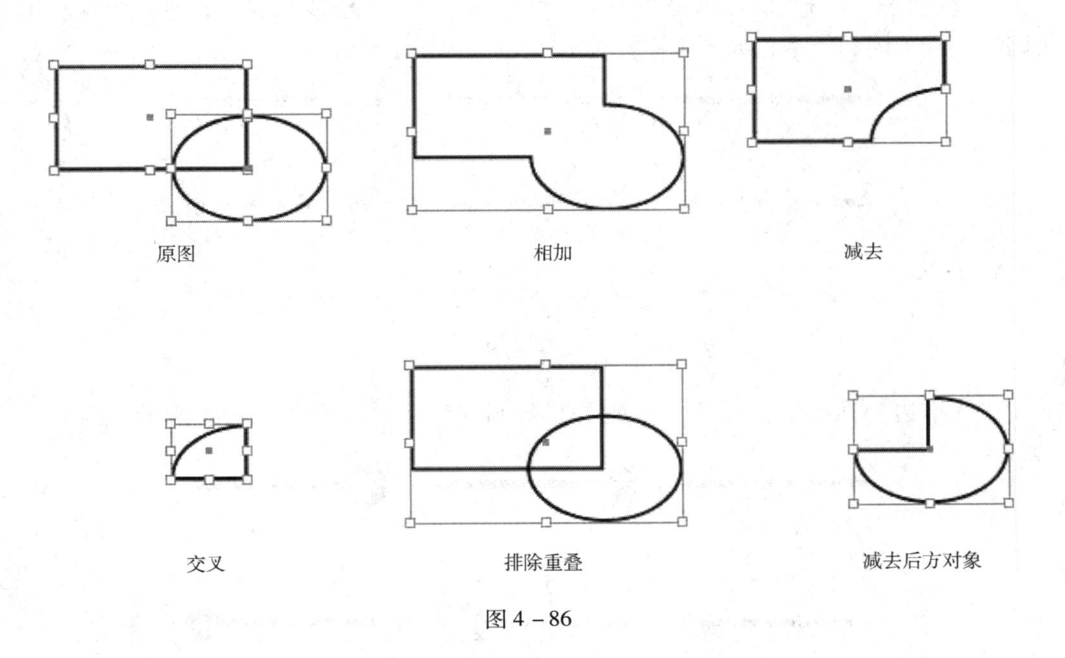

图 4－86

观。执行【窗口】 >【描边】命令，弹出【描边】面板，使用【描边】面板可以对描边的样子如线粗、线形等进行编辑修改，如图 4－87 所示。

图 4－87

在【粗细】用于控制路径的宽度，数值越大，路径描边越粗。

【描边】面板中可以设置路径端点的外观，其外观包含平头端点、圆头端点、投射末端，效果如图 4－88 所示。

图 4－88

在【类型】中分列着多款描边类型，可以分为实线、虚线和点线3种大类型，可以为路径选择不同的类型，如图4－89所示。

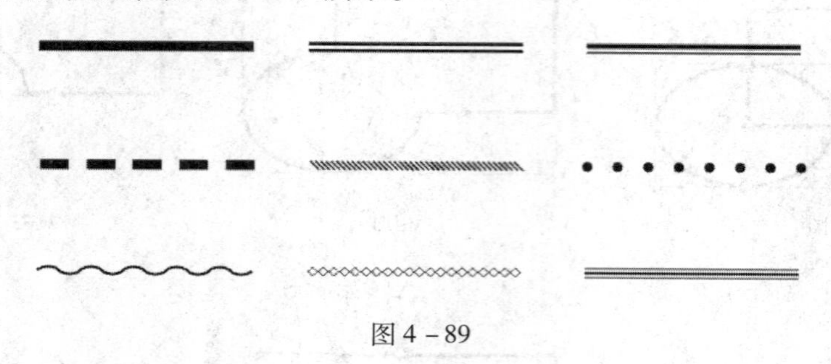

图4－89

在【描边】面板中，可以设置创建直线的起点和终点，如图4－90所示。

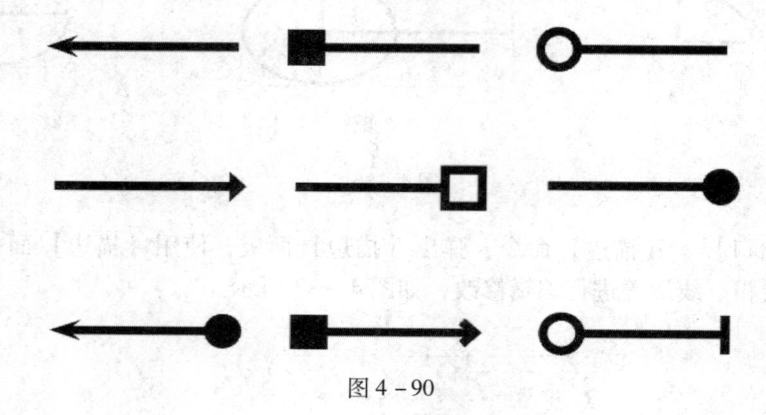

图4－90

3　排列图形

（1）编组或取消编组对象

【编组】命令可以将几个对象编成一个组，方便文件的管理和编辑。选中多个对象，执行【对象】>【编组】命令，这些对象被编组，如图4－91所示。

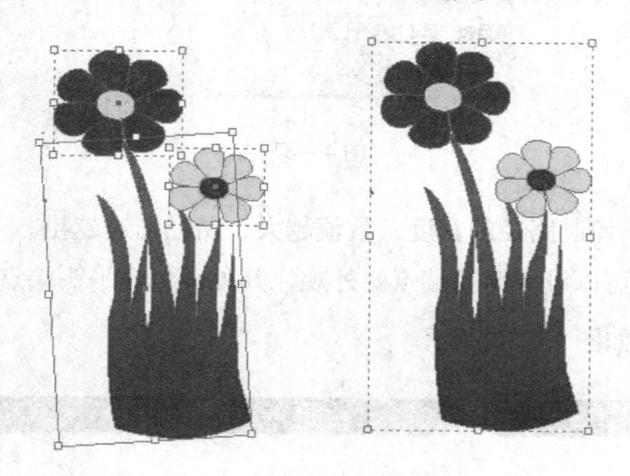

图4－91

如果对象需要拆成独立的对象，可执行【对象】>【取消编组】命令即可。

（2）对象的对齐和分布

应用【对齐】面板可以快速有效地对齐和分布多个图形。执行菜单【窗口】>【对象和版面】>【对齐】命令，弹出【对齐】面板，如图4－92所示。

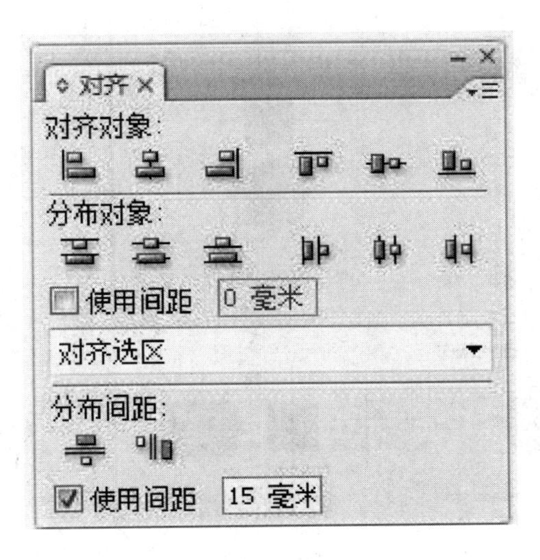

图4－92

①对齐对象

【对齐】面板中的【对齐对象】选项组中包括6个对齐命令按钮："左对齐"按钮、"水平居中对齐"按钮、"右对齐"按钮、"顶对齐"按钮、"垂直居中对齐"按钮、"底对对齐"按钮。对齐效果如图4－93所示。

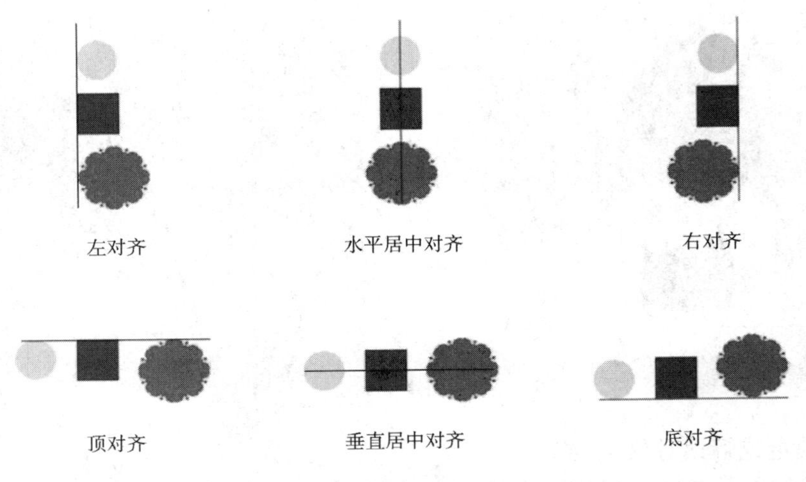

图4－93

②分布对象

【对齐】面板中的【分布对象】选项组中包括6个对齐命令按钮："按顶分布"按钮、"垂直居中分布"按钮、"按底分布"按钮、"按左分布"按钮、"水平居中分布"按钮、"按右分布"按钮。分布效果如图4－94所示。

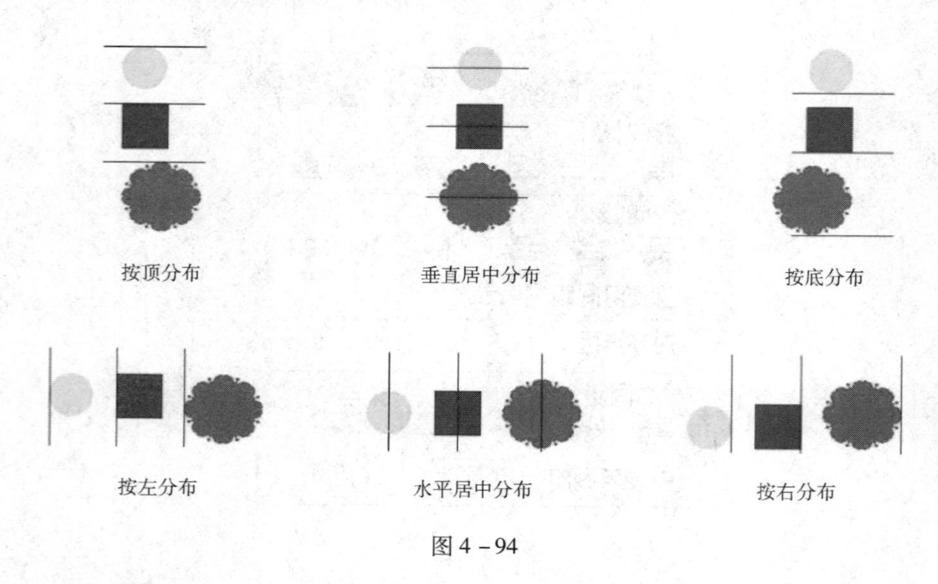

图4－94

（3）排列对象

排列对象是按它们创建或导入的顺序进行重叠顺序的排列的，使用【排列】命令可以更改对象的堆叠顺序。选中需要改变排列顺序的对象，执行【对象】>【排列】>【置为底层】命令，可以看到此对象被放置到其他图形的最下方，效果如图4－95所示。

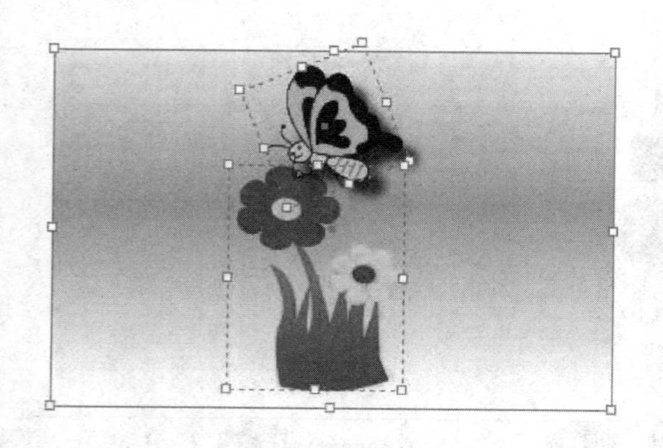
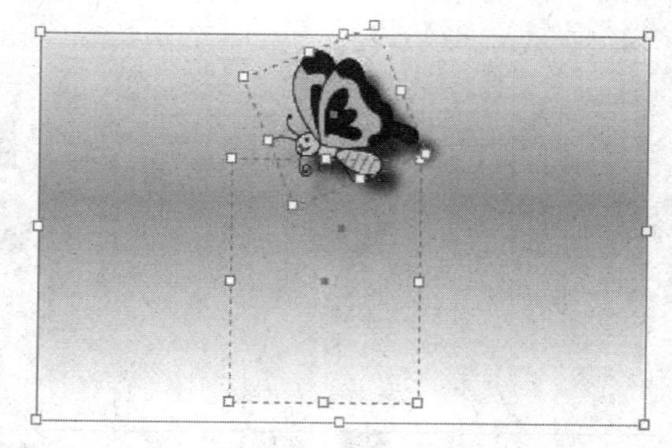

图4－95

（4）锁定或解锁对象

使用【锁定】命令可以锁定文档中不希望被移动的对象。对象被锁定后，它便不能移动，但仍然可以选取它，并更改其他的属性，如颜色、描边等。当文档被保存、关闭或重新打开时，锁定对象仍会保持锁定。

选取要锁定的对象，执行【对象】>【锁定】命令，或按快捷键“Ctrl + L”，将对象锁定，锁定后当移动对象时，会出现🔒图标表示对象已锁定，不能被移动，效果如图4－96所示。执行菜单【对象】>【解锁位置】命令，或按快捷键“Alt + Ctrl + L”，被锁定的图像就会被取消锁定。

图4－96

独立实践任务 2课时

任务二 设计制作儿童书籍的插画

任务背景

为儿童类书籍设计制作一幅内页插画，插画的内容要与文字内容相协调。

任务要求

插画尺寸为InDesign默认尺寸，出血为3mm，在绘制插画的过程中要用到本章中所提到的工具。

任务分析

插画在书籍的发展历程中始终扮演着重要的角色，它以自己独特的形象语言传递着信息，使读者能够深入地了解主题及内涵，对文字内容进行了很好的补充描述。读者可以根据儿童比较喜欢的素材设计制作插画。

任务参考效果图〉〉

项目五 设计制作宣传页——色彩知识的综合应用

任务参考效果图〉〉

能力目标

1. 能使用【颜色】面板正确设置颜色。
2. 能使用【色板】面板正确设置颜色。

3. 能设计制作各种广告宣传页。

软件知识目标

1. 掌握【颜色】面板的使用方法。
2. 掌握【色板】面板的使用方法。
3. 掌握为图形进行渐变颜色填充的方法。

专业知识目标

1. 了解软件的各种填色方法和技巧。
2. 了解产品广告设计制作知识。

课时安排

4 节课（讲 2 课时，实践 2 课时）

模拟制作任务　2 课时

任务一　设计制作中国移动的广告宣传页

任务背景

为中国移动 G3 业务推广广告。

任务要求

要求画面清新自然，突出中国移动 G3 业务的实用特点。

任务分析

本次宣传页的设计重点突出移动 G3 业务，体现广告的特征。

本案例的难点

背景的制作

操作步骤详解

绘制背景

（1）启动 InDesign CS6，执行【文件】>【新建】命令，弹出【新建文档】对话框，如图 5－1 所示。单击“边距和分栏”按钮，弹出如图 5－2 所示的对话框，单击“确定”按钮，新建一个页面。

（2）选择【矩形工具】，在页面中单击鼠标，弹出【矩形】对话框，在对话框中进行参数设置，如图 5－3 所示，单击“确定”按钮，得到一个矩形，如图 5－4 所示。

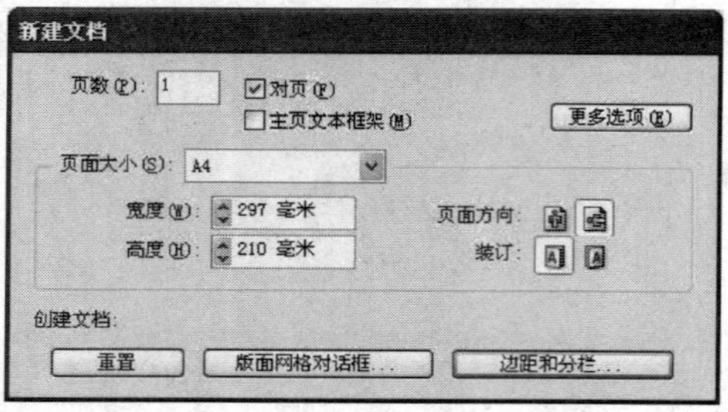

图 5-1

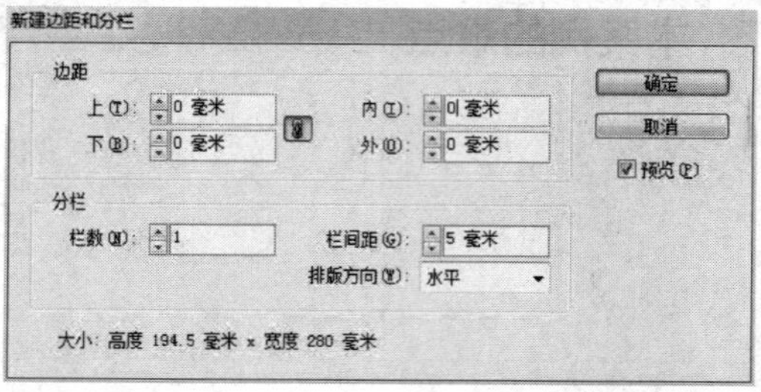

图 5-2

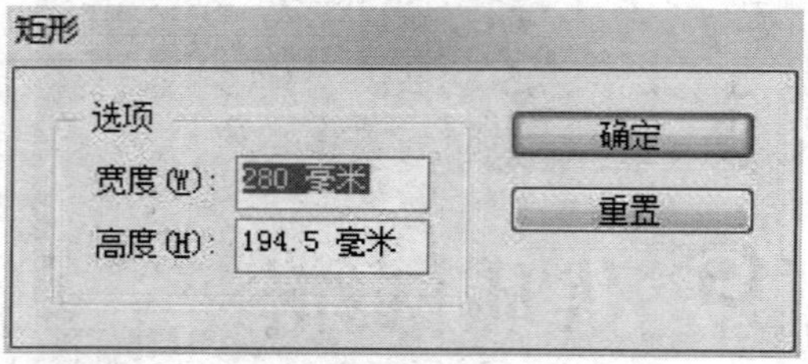

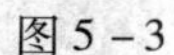

图 5-3

图 5-4

（3）双击【渐变色板工具】，弹出【渐变】面板，类型选择【线型】，在色带上设置 3 个渐变滑块，分别将渐变滑块的位置设为 0、100，并设置 CMYK 的值为 0（0、0、0、0）、100（40、0、97、0），如图 5-5 所示，在渐变图形的下方至上方拖曳渐变色，矩形被填充渐变色并设置描边色为无，效果如图 5-6 所示。

图 5-5

图 5-6

（4）选择【钢笔工具】，在适当的位置绘制一个图形，效果如图 5-7 所示。在【渐变】面板中，类型选择【线型】，在色带上设置 2 个渐变滑块，分别将渐变滑块的位置设为 0、100，并设置 CMYK 的值为 0（0、0、0、0）、100（60、0、0、0），在渐变图形的左方至右方拖曳渐变色，图形被填充渐变色并设置描边色为无，效果如图 5-8 所示。

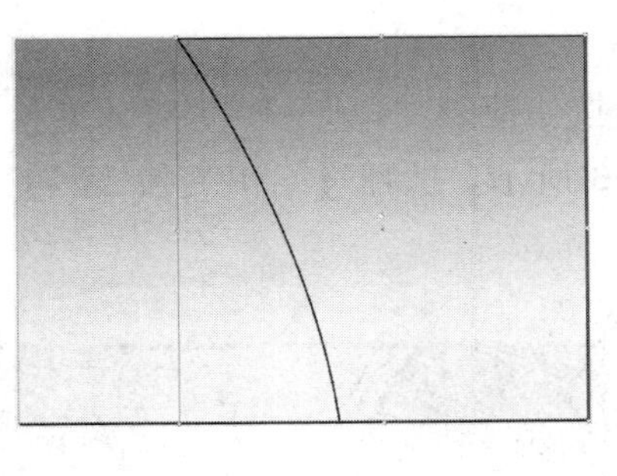

图 5 – 7

图 5 – 8

（5）选择【选择工具】，选中刚绘制好的图形，在控制调板中单击【向选定的目标添加对象效果】按钮，在弹出的菜单中选择【投影】命令，弹出【效果】对话框，在对话框中进行参数设置，如图 5 – 9 所示，单击“确定”按钮，效果如图 5 – 10 所示。

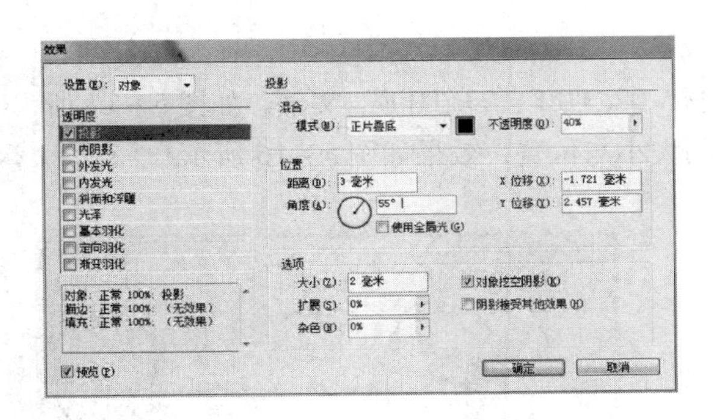

图 5 – 9

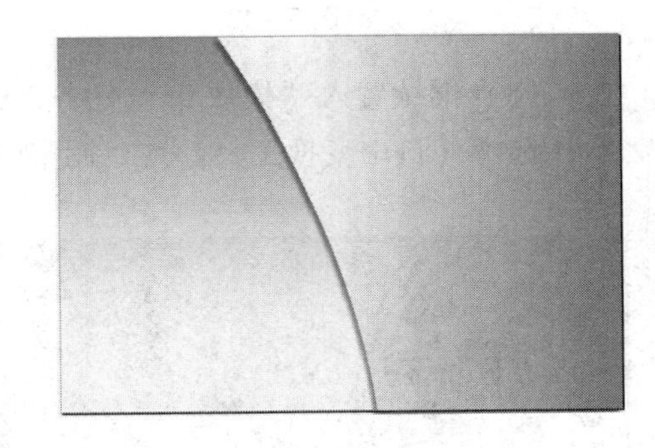

图 5 – 10

（6）选择【钢笔工具】，在适当的位置绘制一个图形，效果如图 5 – 11 所示。设置图形填充色的 CMYK 值为：44、5、88、0，填充图形并设置描边色为无，效果如图 5 – 12 所示。

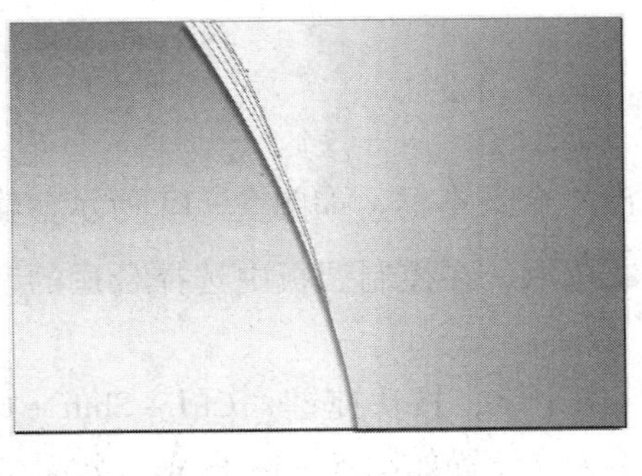

图 5 – 11

图 5 – 12

置入并编辑素材图片

（7）执行【文件】>【置入】命令，或者按快捷键“Ctrl + D”，置入素材“模块03 \ 任务 2 \ 素材 \ 01. TIFF”文件，如图 5 – 13 所示。选择【自由变换工具】，调整图形的大小及位置，效果如图 5 – 14 所示。

图 5 – 13

图 5 – 14

（8）继续置入“模块03 \ 任务 2 \ 素材 \ 02. TIFF、03. TIFF”文件，如图 5 – 15 所示，选择【自由变换工具】，调整图形的大小与位置，效果如图 5 – 16 所示。

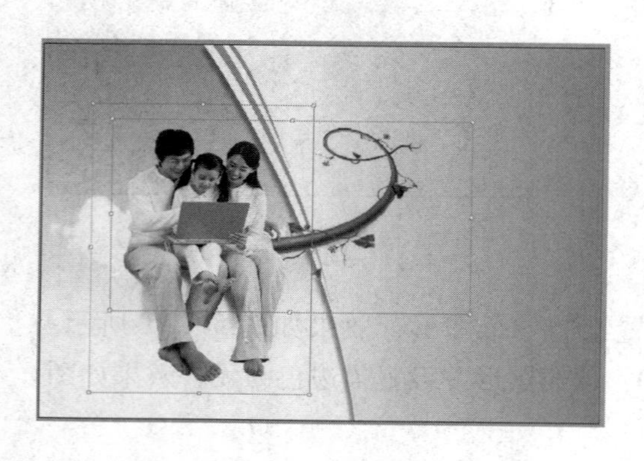

图 5 – 15

图 5 – 16

添加宣传性文字

（9）选择【文字工具】T，在页面中拖曳出一个文本框，如图 5 – 17 所示，输入所需要的文字。将输入的文字用【文字工具】T选取，在控制调板中选择合适的字体和字号，效果如图 5 – 18 所示。

（10）选择【选择工具】，选中“尽享”两个字，按快捷键“Ctrl + Shift + O”，将文字创建为轮廓。设置文字的颜色为渐变色，参数设置如图 5 – 19 所示，效果如图 5 – 20 所示。

图 5－17

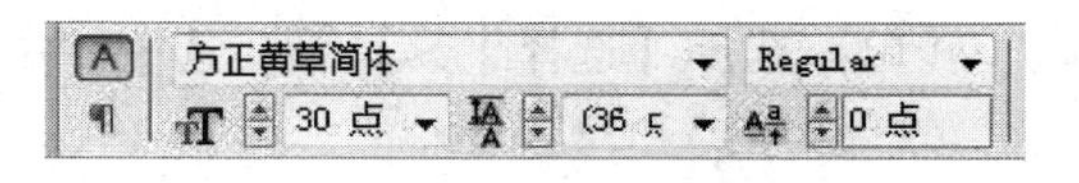

图 5－18

图 5－19

图 5－20

（11）选择【文字工具】T，在页面中拖曳出一个文本框，输入所需要的文字。将输入的文字用【文字工具】T选取，在控制调板中选择合适的字体和字号，填充文字的颜色设置为：100、60、0、0，效果如图 5－21 所示。

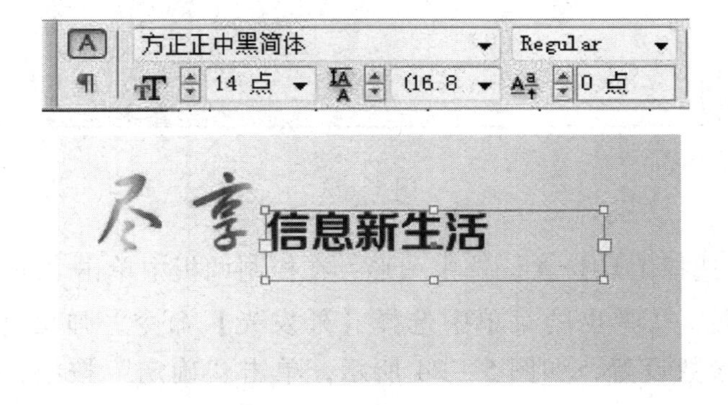

图 5－21

（12）选择【选择工具】，选中“尽享”、“信息新生活”，把它们放置合适的位置，效果如图 5－22 所示。

图 5－22

置入并编辑标志图片

（13）执行【文件】>【置入】命令，或者按快捷键“Ctrl＋D”，置入素材“模块 03\任务 2\素材\04. TIFF”文件。选择【自由变换工具】，调整图形的大小及位置，效果如图 5－23 所示。

图 5－23

（14）选择【选择工具】，选中图形，在控制调板中单击【向选定的目标添加对象效果】按钮，在弹出的菜单中选择【外发光】命令，弹出【效果】对话框，在对话框中进行参数设置，如图 5－24 所示，单击“确定”按钮，效果如图 5－25 所示。

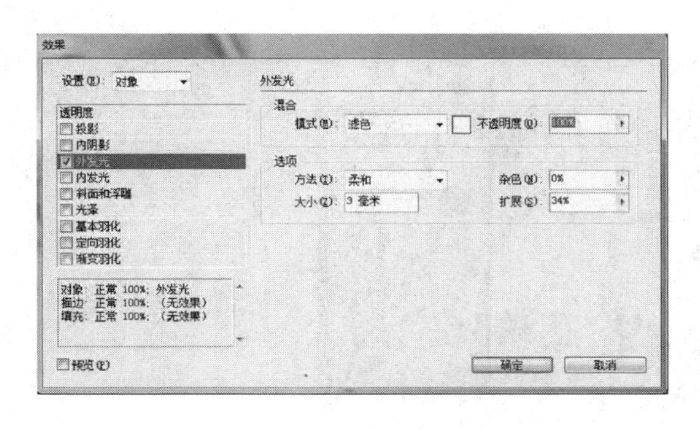

图 5－24

图 5－25

（15）按快捷键“Ctrl + D”，置入素材“模块 03 \ 任务 2 \ 素材 \ 05. TIFF”文件，选择【工具箱】中【自由变换工具】，调整图形的大小及位置，效果如图 5－26 所示。

图 5－26

（16）选择【文字工具】T，在页面中拖曳出一个文本框，输入所需要的文字。将输入的文字用【文字工具】T选取，在控制调板中选择合适的字体和字号，填充文字的颜色设置为：100、80、0、0，效果如图 5－27 所示。

（17）执行【文件】>【置入】命令，或者按快捷键“Ctrl + D”，置入素材“模块 03 \ 任务 2 \ 素材 \ 06. TIFF”文件，把图片放置合适的位置，如图 5－28 所示。选中图片，选择【工具箱】中【渐变羽化工具】，按住“Shift”键，在渐变羽化图片的右方至左方拖曳，效果如图 5－29 所示。

（18）选择【矩形工具】，在页面中单击鼠标，弹出【矩形】对话框，在对话框中进行参数设置，如图 5－30 所示，单击“确定”按钮，得到一个矩形，填充色设置为：90、75、10、0，将图形放置合适的位置，效果如图 5－31 所示。

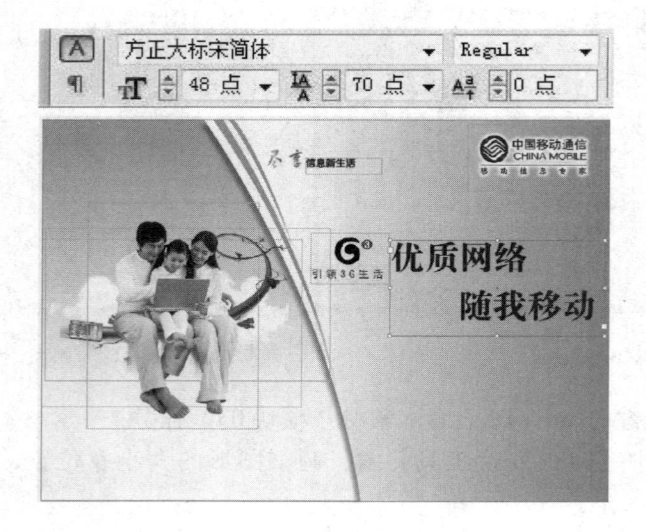

图 5 – 27

图 5 – 28

图 5 – 29

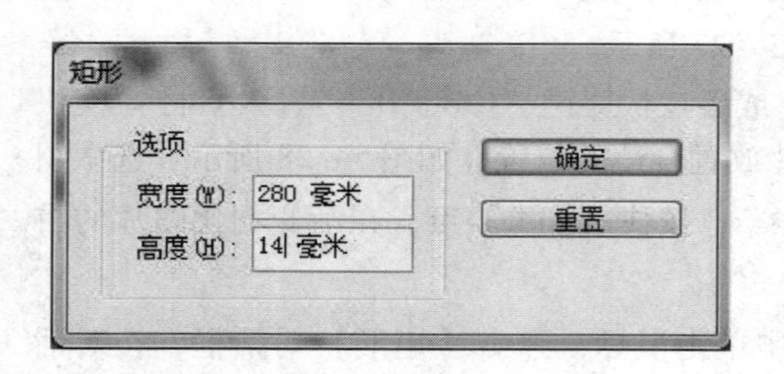

图 5 – 30

图 5 – 31

（19）继续选择【矩形工具】，在页面中单击鼠标，弹出【矩形】对话框，在对话框中进行参数设置，如图 5－32 所示，单击“确定”按钮，得到一个矩形，填充色设置为：0、60、100、0，将图形放置合适的位置，效果如图 5－33 所示。

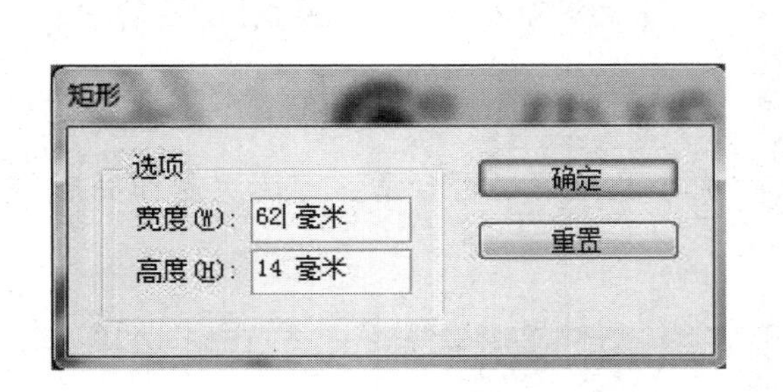

图 5－32

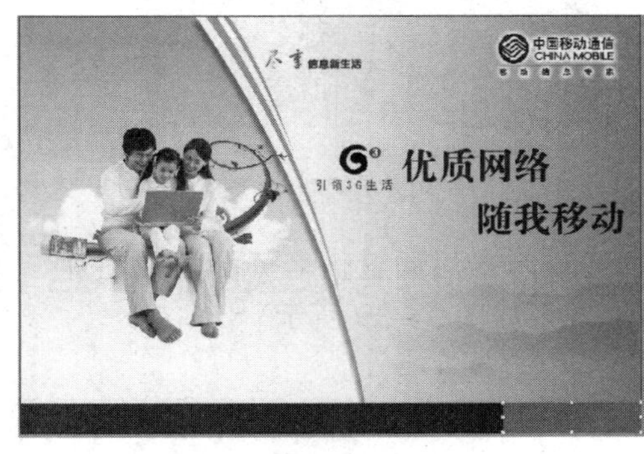

图 5－33

（20）选择【文字工具】，在页面中拖曳出一个文本框，输入所需要的文字，将输入的文字用【文字工具】选取，在控制调板中选择合适的字体和字号，颜色设置为白色，如图 5－34 所示。

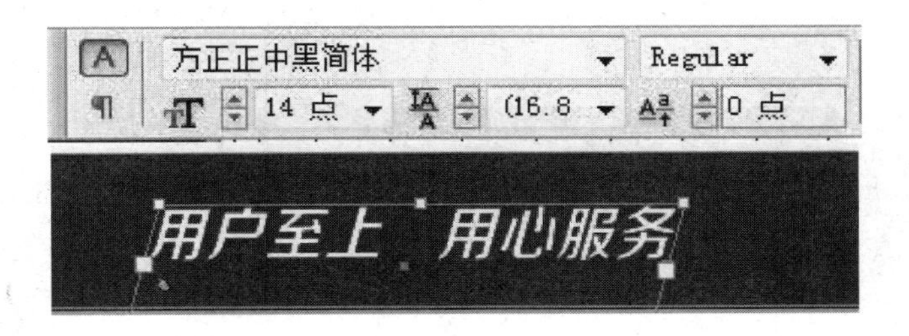

图 5－34

（21）重复以上步骤输入所需文字，调整文字字体、字号及位置，如图 5－35，图 5－36，图 5－37，图 5－38 所示。

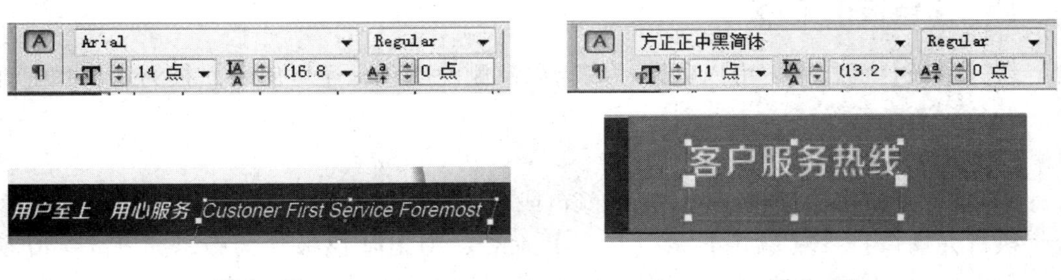

图 5－35

图 5－36

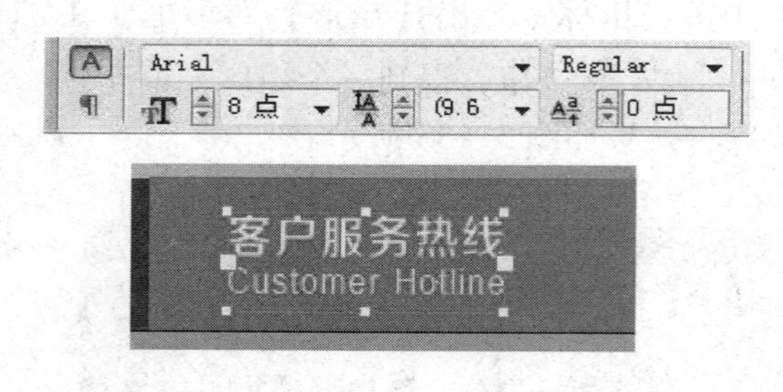

图 5－37

图 5－38

（22）最后调整整个页面内的图片、文字大小及位置是否合适，宣传页制作完成，最终效果如图 5－39 所示。

图 5－39

知识点扩展

1 【色板】面板

在【色板】面板中，可以创建、编辑以及删除颜色，还可使用面板为对象填充颜色、专色、渐变色等。

（1）【色板】面板介绍

【色板】面板可以创建颜色、渐变颜色或色调，并将它们快速应用于文档中的对象上。执行【窗口】>【颜色】>【色板】命令，弹出【色板】面板，如图 5－40 所示。在面板中分布着一些图标，使用这些图标可以方便地设置颜色。

单击【色板】面板右上角的按钮，在弹出的快捷菜单中可以执行【名称】【小

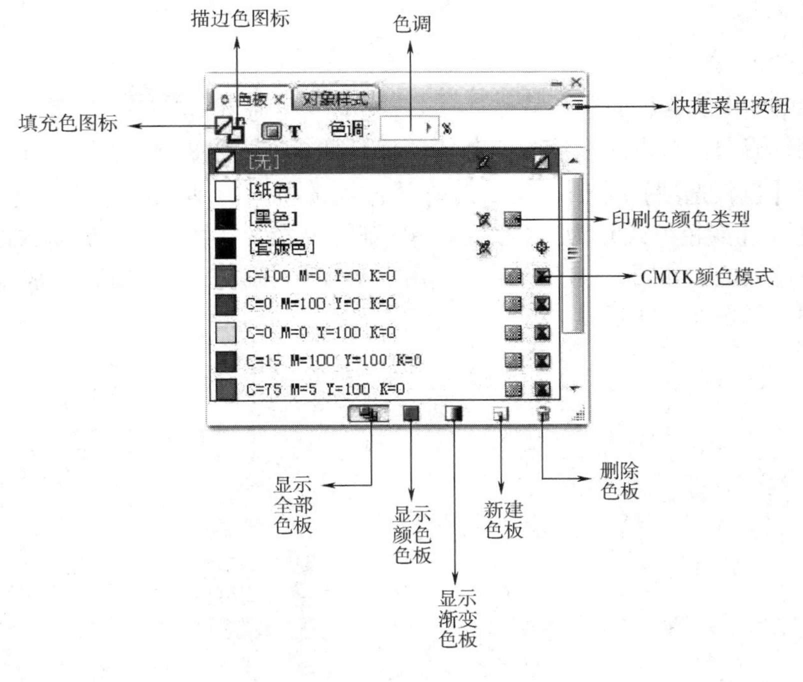

图 5-40

字号名称】【小色板】或【大色板】命令改变【色板】面板的显示模式。

执行【名称】命令将在该色板名称的旁边显示一个色板缩略图。该名称右侧的图标显示颜色模式（CMYK、RGB 等）以及该颜色是专色、印刷色、套版色还是无颜色，如图 5-41 所示。

执行【名称】命令，可以【名称】的显示方式显示色板，如图 5-42 所示。

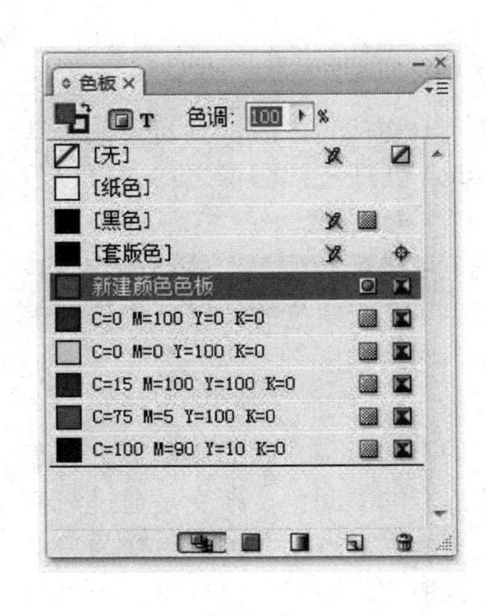

图 5-41

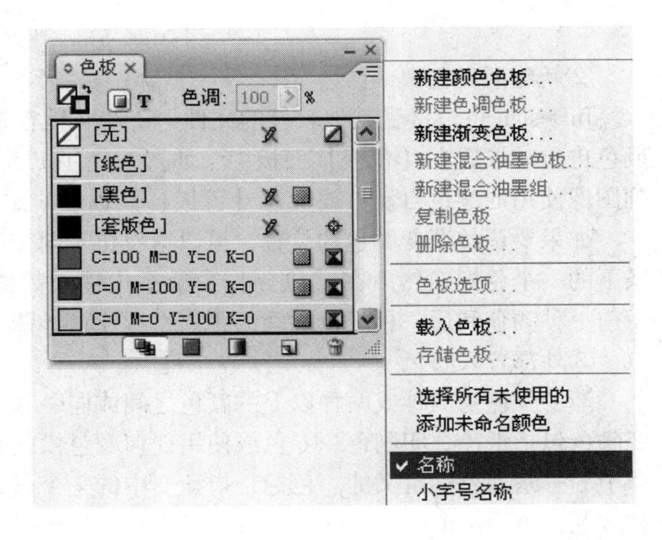

图 5-42

（2）获取颜色

①新建颜色

InDesign 的【色板】面板在默认状态下只提供了几种颜色供用户选择，为了得到更丰富的颜色，需要自行设置颜色。单击【色板】面板右上角的 按钮，在弹出的快捷菜单中执行【色板选项】命令，在弹出的【色板选项】对话框中，设置【颜色类型】为“印刷色”，【颜色模式】为“CMYK”，分别拖曳青、品红、黄、黑的数值设置滑块即可设置颜色数值，如图 5 - 43 所示；单击“确定”按钮，设置的颜色被添加到【色板】面板中，如图 5 - 44 所示。

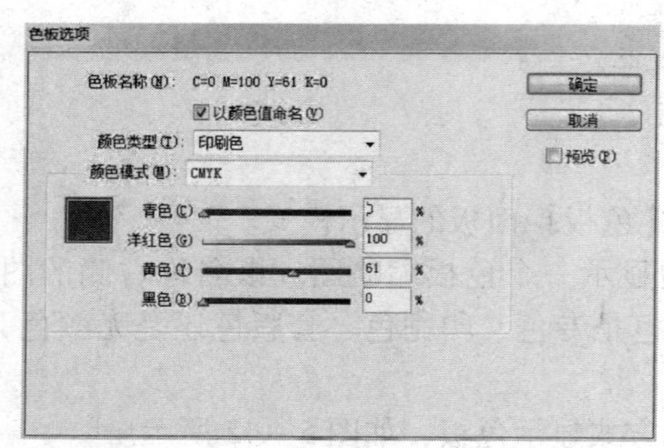

图 5 - 43

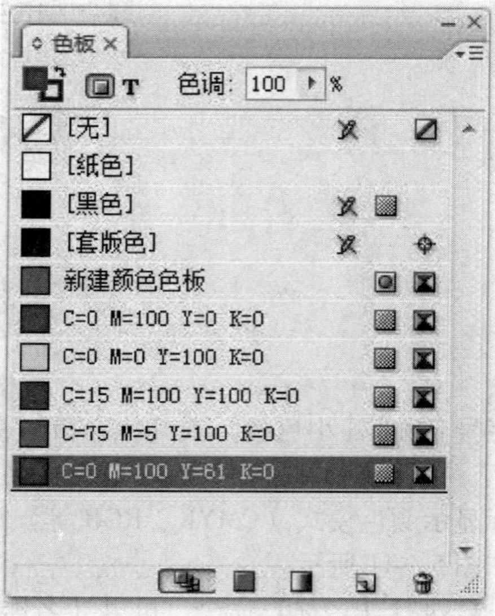

图 5 - 44

②新建渐变色板

InDesign 可以接受其他软件的文件，这些文档在进入 InDesign 之后，其自带的一些颜色也自动被置在【色板】面板中。如置入使用 Photoshop 处理过的图像之后，可以看到图像使用的颜色自动被放置在【色板】面板中，如图 5 - 45 所示。

如果要调整渐变颜色的位置，可以拖曳位于渐变条下的条标的位置。选择渐变曲线条下的一个色标，然后在【位置】数值框中输入数值以设置该颜色的位置。该位置表示前一种颜色和后一种颜色之间的距离百分比，如图 5 - 46 所示。

③外部置入颜色

渐变颜色是两种或两种以上的颜色之间或同一颜色的不同色调之间的逐渐混合。渐变颜色包括纸色、印刷色、专色或使用任何颜色模式的混合油墨颜色。渐变是通过渐变条中的一系列色标定义的。色标是指渐变中的一个点，渐变在该点从一种颜色变为另一种颜色，色标由渐变条下的彩色方块标志。默认情况下，渐变以两种颜色开始，中点在 50% 的位置上。可以使用处理纯色和色调的【色板】面板来创建渐变色，也可以使用

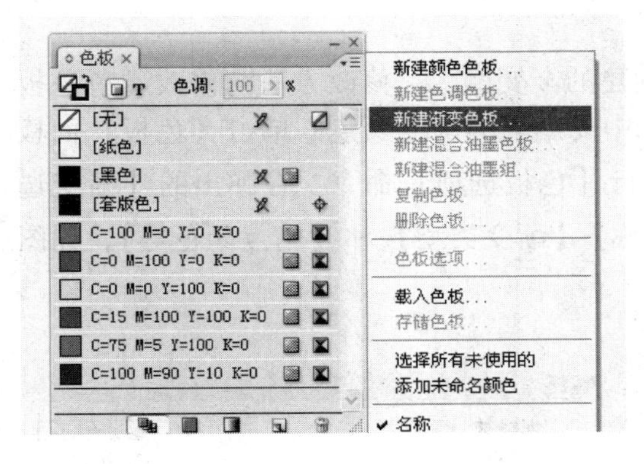

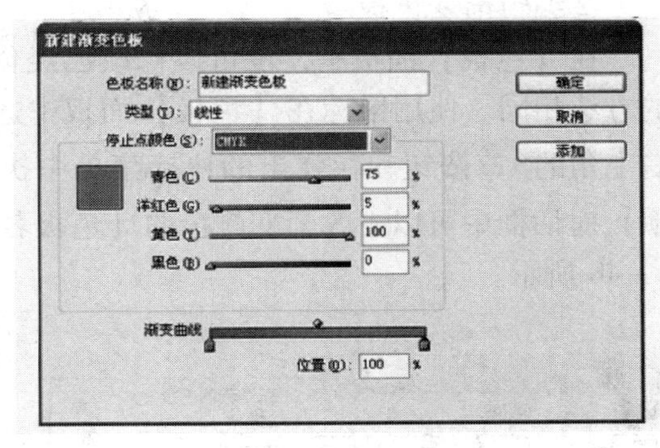

图 5－45

图 5－46

【渐变】面板创建渐变色。

（3）编辑颜色

①编辑颜色色板

在【色板】面板中，可以编辑修改已有的颜色。使用鼠标在【色板】面板中选中要编辑的颜色，单击【色板】面板右上角的按钮，在弹出的快捷菜单中执行【色板选项】命令，在【色板选项】对话框中可以更改颜色的【颜色类型】、【颜色模式】和颜色的数值，修改参数后，单击“确定”按钮，便可完成对色板的编辑，如图 5－47 所示。

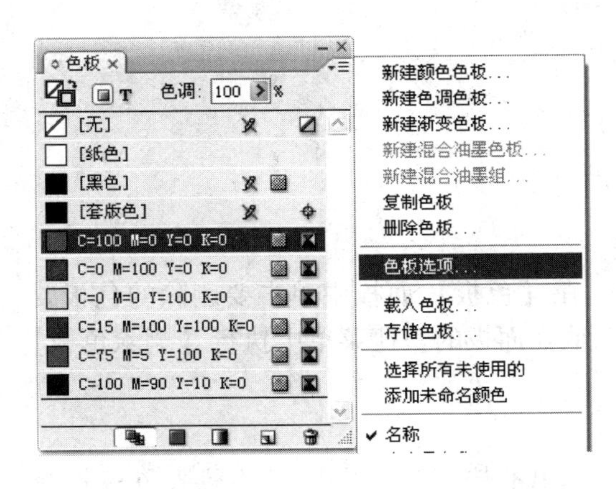

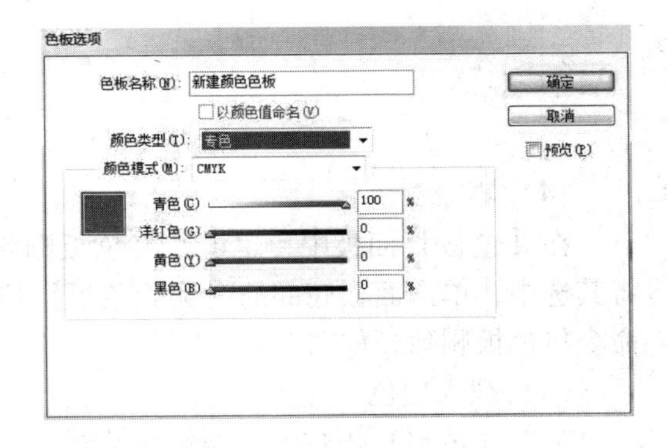

图 5－47

②编辑渐变色板

在【色板】面板中，也可以修改已经创建的渐变颜色，修改方法与修改颜色色板的方法相同。使用鼠标在【色板】面板中选中要编辑的渐变颜色，单击【色板】面板右上角的按钮，在弹出的快捷菜单中执行【色板选项】命令，在弹出的【渐变选项】对话框中可以更改渐变颜色的【色板名称】【渐变类型】和【站点颜色等】，如图5－48所示。

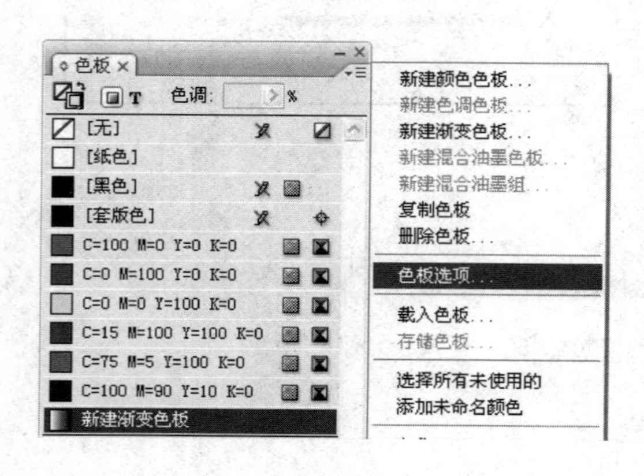

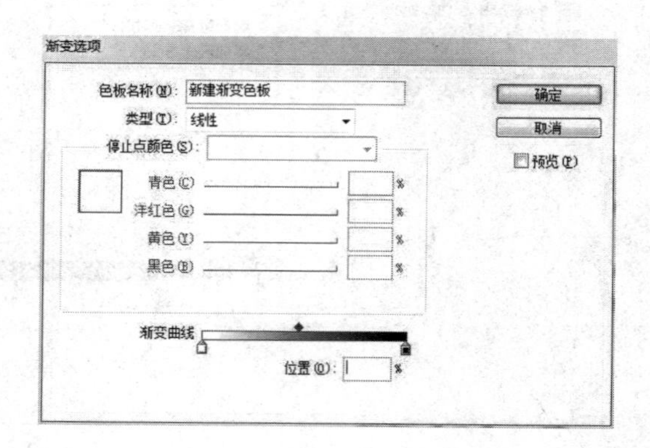

图5－48

打开【渐变】面板单击渐变条下的任意位置，定义一个新色标。新色标将由现有渐变色该位置处的颜色值自动定义。设置新色标的颜色，如图5－49所示。

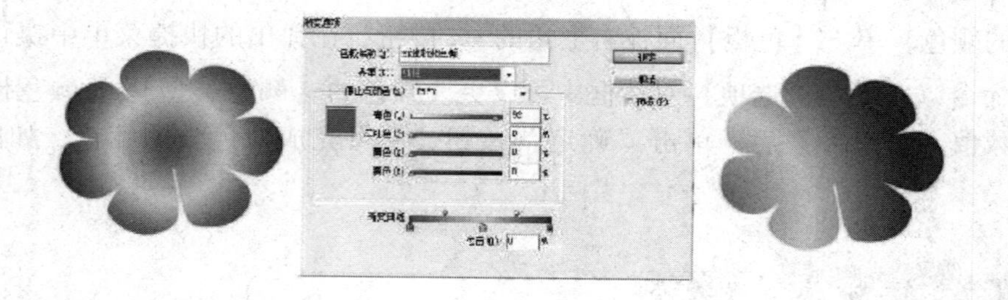

图5－49

（4）删除颜色

在【色板】面板中，也可以将色板删除。在【色板】面板中单击要删除的色板要将其选中，单击面板底部的【删除色板】按钮或在面板的快捷菜单中执行【删除色板】命令将色板删除，如图5－50所示。

（5）载入颜色

单击【色板】面板右上角的按钮，在弹出的快捷菜单中执行【载入色板】命令，弹出【打开文件】对话框，在对话框中选择要载入的文件，单击【打开】按钮即

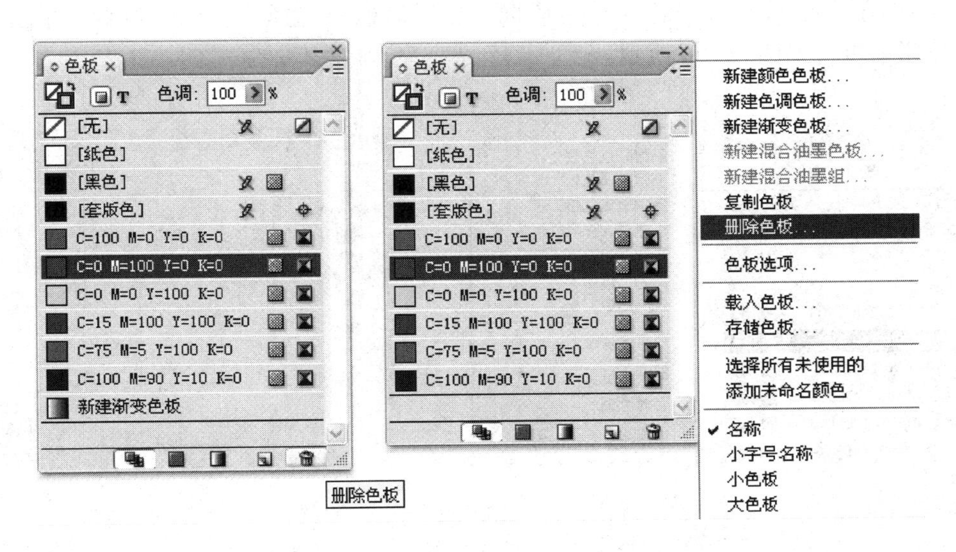

图 5－50

可，如图 5－51 所示。

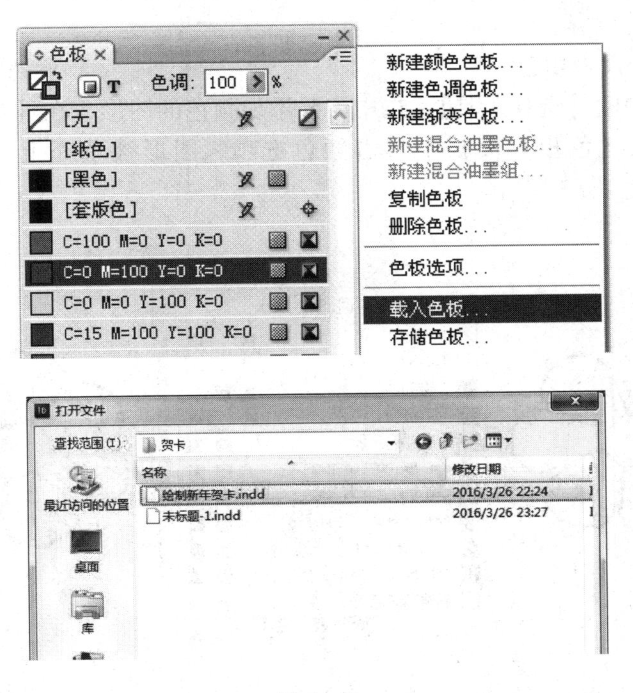

图 5－51

（6）存储色板

单击【色板】面板右上角的 按钮，在弹出的快捷菜单中执行【存储色板】命令将色板进行存储，弹出【另存为】对话框，在对话框中选择要存储的位置，单击【保存】按钮即可，如图 5－52 所示。

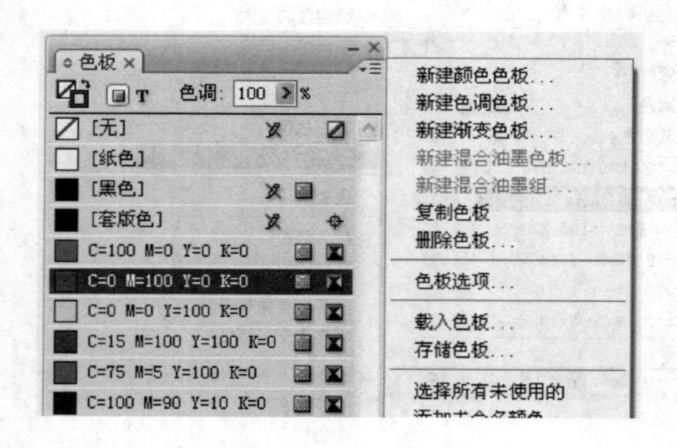

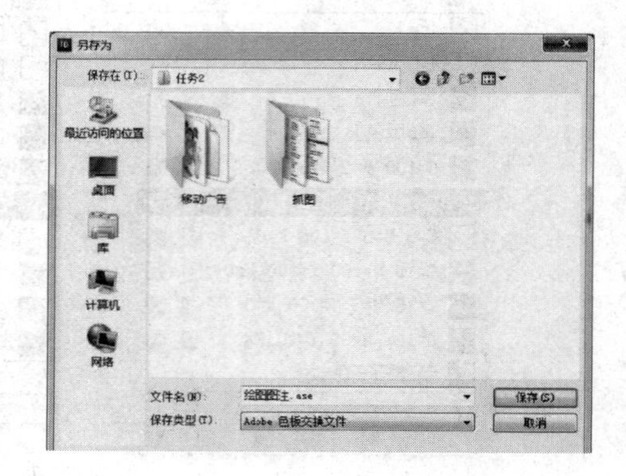

图 5－52

2　填充色与描边色

应用【色板】面板可以为页面中的多种对象添加颜色，如图形、图片和文字等，使页面拥有丰富的色彩。

（1）【色板】面板填色

选择工具箱中的【选择工具】，选中需要添加颜色的图形，在【色板】面板中单击【填色】按钮，在【色板】面板中单击颜色选项，图形被填充上颜色，如图 5－53 所示。

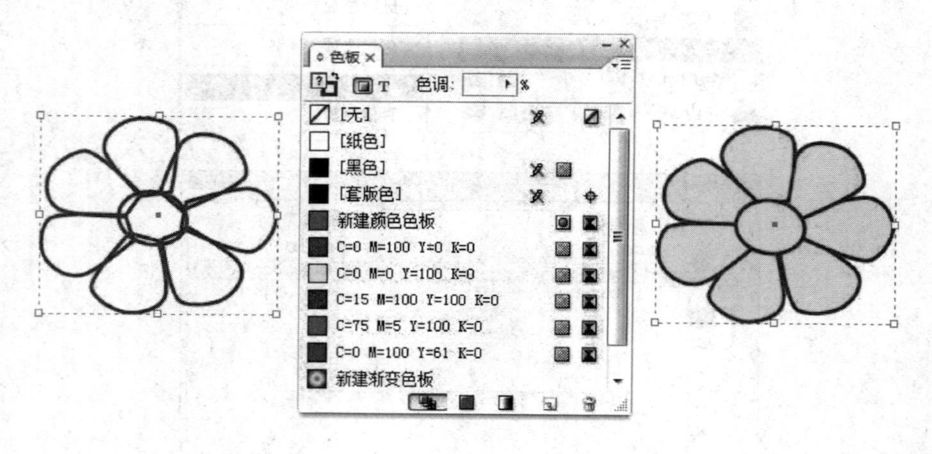

图 5－53

（2）为文设置填充色

选择工具箱中的【文字工具】创建任意文字，选择【文字工具】选中文字“填充文字”，激活工具箱中的【填色】按钮，在【色板】面板中单击颜色选项为选中的文字填充颜色，效果如图 5－54 所示。

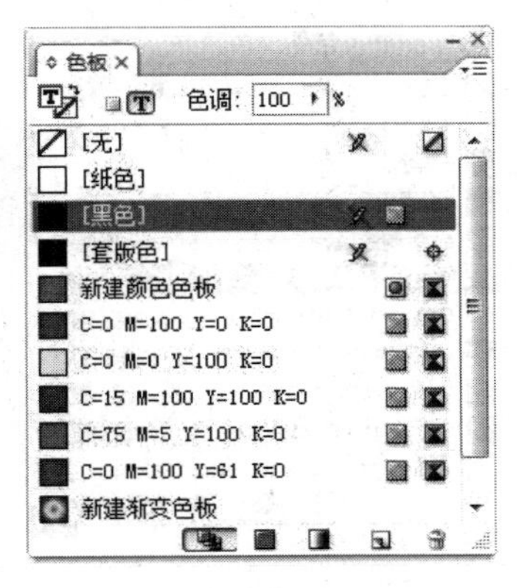

图 5－54

（3）为对象添加描边线

选择工具箱中的【多边形工具】选中需要添加描边的图形，在【色板】面板中单击【描边】按钮，在【色板】面板中单击颜色选项，图形被填充描边，效果如图 5－55 所示。

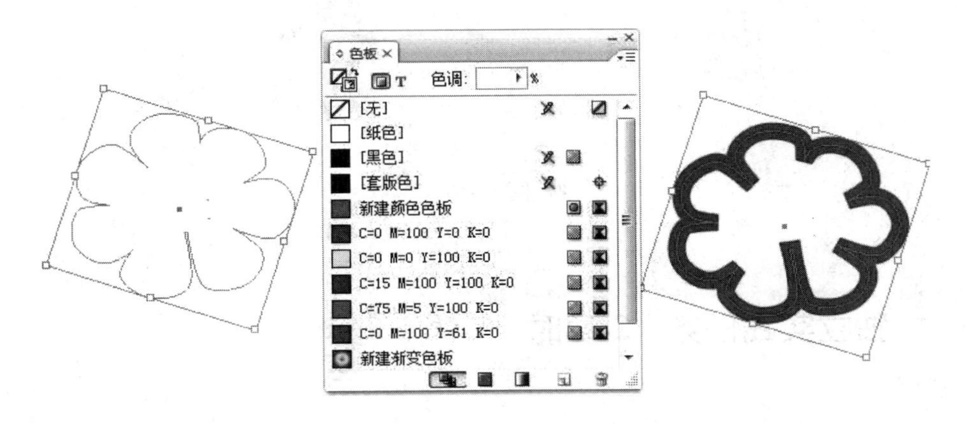

图 5－55

选择工具箱中的【文字工具】创建任意文字，选择【文字工具】选中文字，激活工具箱中的【填色】按钮，在【色板】面板中单击颜色选项为选中的文字填充颜色，效果如图 5－56 所示。

（4）为对象添加渐变色

使用【色板】面板为页面中的图形和文字等对象添加渐变色，对象会产生渐变效果。

选择工具箱中的【选择工具】，选中需要添加颜色的图形，在【色板】面板中单击【渐变色板】按钮，图形和文字分别被填充渐变色，如图 5－57 所示。

大家好

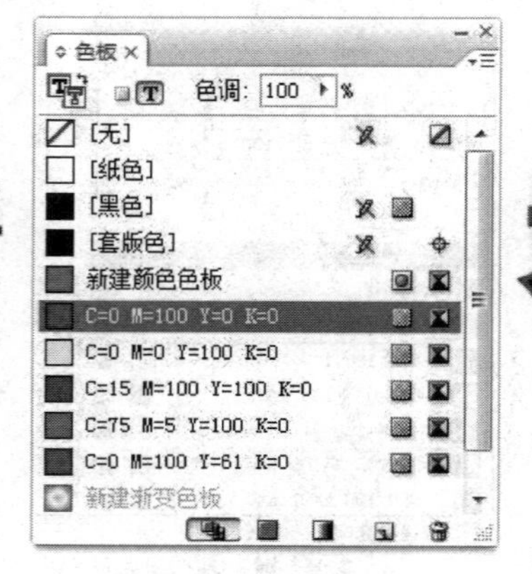

大家好

图 5－56

大家好

图 5－57

独立实践任务　2 课时

任务二　设计制作茶文化广告宣传页

任务背景

为某一茶叶店制作推广广告。

任务要求

突出茶文化的韵味特质。

任务分析

在设计过程中，画面色彩不宜过于多，简洁大方。作品中添加的装饰图形也不宜过多，应以大方、稳重为设计准则，以突出茶文化的特点。

任务参考效果图

设计制作新年贺卡
——图像效果知识综合应用

任务参考效果图〉〉

能力目标

1. 了解 InDesign 中常用的图像格式。
2. 能够为图像制作特殊效果。

软件知识目标

1. 学会使用软件置入图像。
2. 能够使用【效果】命令制作图像特殊效果。

专业知识目标

1. 了解图像基础知识。
2. 了解设计制作贺年卡的一些方法。

课时安排

6 节课（讲 2 课时，实践 4 课时）

模拟制作任务 2 课时

任务一 设计制作新年贺卡

任务背景

河南省新闻出版学校要在元旦向老师、兄弟学校、学生家长发放一批新年贺卡。

任务要求

能表现出新年的气氛，画面设计要简洁大方。

任务分析

1. 采用红色和金色这两种颜色的搭配来展现新年的气息。
2. 以中国结为主题来展现中国新年的特点。

本案例的难点

操作步骤详解

制作贺卡的背景色

(1) 启动 InDesign CS6，执行【文件】>【新建】命令，弹出【新建文档】对话框，如图 6-1 所示。单击【边距和分栏】按钮，弹出如图 6-2 所示的对话框，单击“确定”按钮，新建一个页面。

(2) 选择【矩形工具】，在页面中单击鼠标，弹出【矩形】对话框，在对话框中进行参数设置，如图 6-3 所示，单击“确定”按钮，得到一个矩形，图形填充颜色设置为：0、100、100、0，如图 6 - 4 所示。

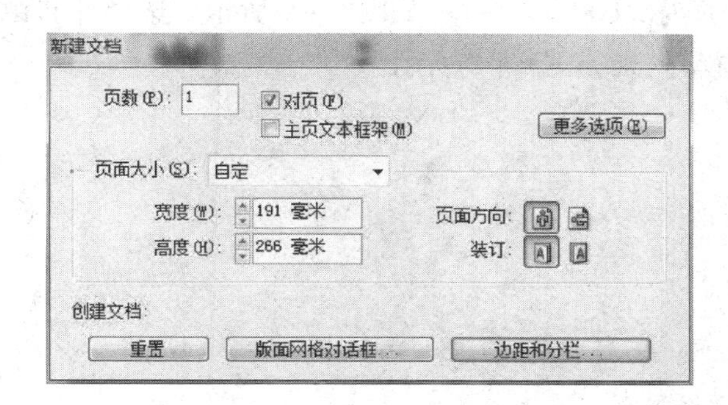

图 6 - 1

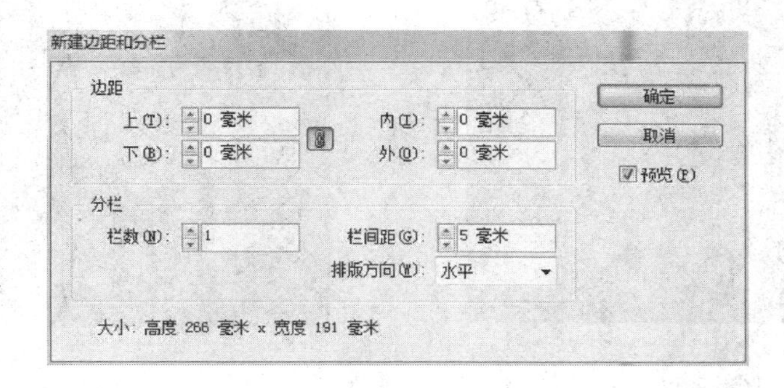

图 6 - 2

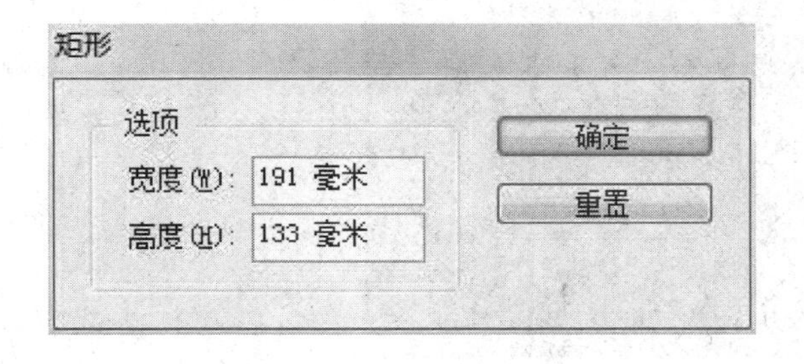

图 6 - 3

图 6 - 4

(3) 执行【文件】 > 【置入】命令，或者按快捷键“Ctrl + D”，置入素材“模块03\ 任务3\ 素材\ 烟花 . TIFF”文件，如图6 – 5所示。选择【自由变换工具】，调整图形的大小及位置，效果如图6 – 6所示。

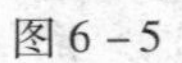
图6 – 5

图6 – 6

制作贺卡的正面

(4) 执行【文件】 > 【置入】命令，或者按快捷键“Ctrl + D”，置入素材“模块03\ 任务3\ 素材\ 中国结 . TIFF”文件，选择【自由变换工具】，调整图形的大小及位置，效果如图6 – 7所示。

图6 – 7

（5）选择【选择工具】，选中中国结的图片，在控制调板中单击【向选定的目标添加对象效果】按钮，在弹出的菜单中选择【投影】命令，弹出【效果】对话框，在对话框中进行参数设置，如图6-8所示，单击“确定”按钮，效果如图6-9所示。

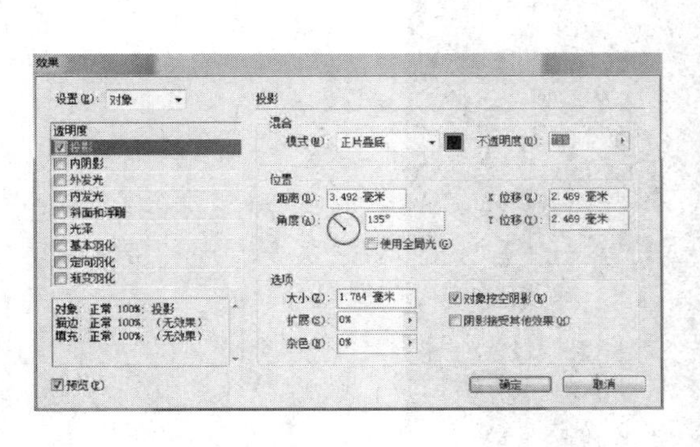

图6-8

图6-9

（6）选择【选择工具】，在控制调板中单击【透明度】按钮，输入50%进行参数设置，对图片颜色的深浅进行调整，效果如图6-10所示。

图6-10

（7）按快捷键“Ctrl+D”，置入素材“模块03\任务3\素材\龙.TIFF”文件，选择【自由变换工具】，调整图形的大小及位置，效果如图6-11所示。

（8）选择【文字工具】T，在页面中拖曳出一个文本框，输入所需要的文字。将输入的文字用【文字工具】T选取，在控制调板中选择合适的字体和字号，填充文字的颜色设置为：0、40、100、0，效果如图6-12所示。

（9）选择【椭圆工具】，按“Shift”键在适当的位置绘制一个圆，设置图形填充色的CMYK值为：0、40、90、0，填充图形并设置描边色为无，选择【选择工具】，选中刚绘制好的图形，按快捷键“Ctrl+C”复制，然后把图形放到合适位置，效

图 6－11

果如图 6－13 所示。

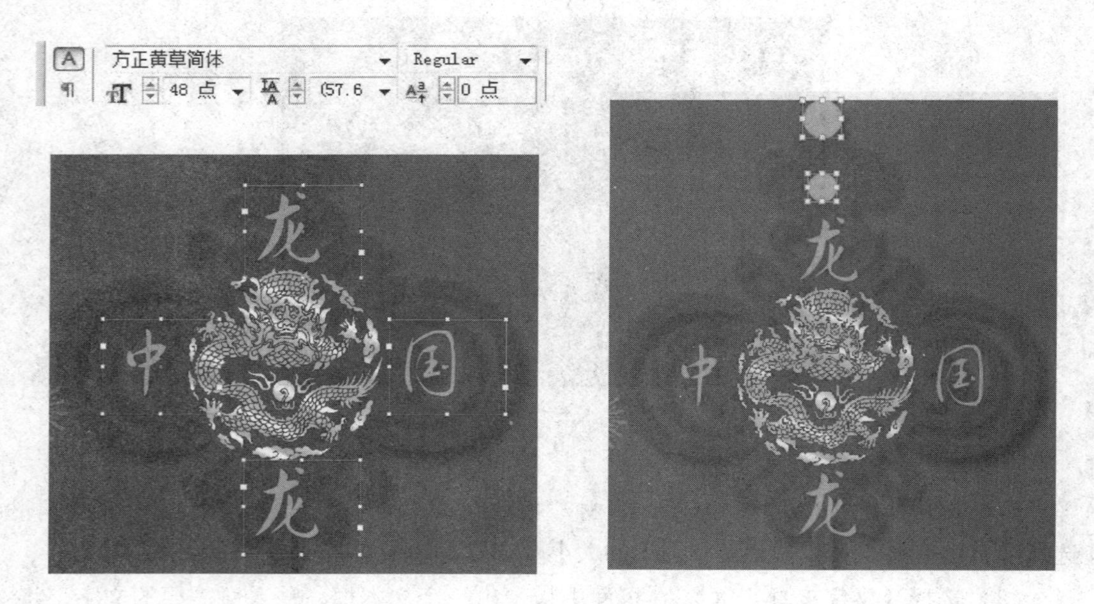

图 6－12　　图 6－13

（10）选择【椭圆工具】，按“Shift”键在适当的位置绘制一个圆，设置图形填充色为白色描边色为无，选择【选择工具】，选中刚绘制好的图形，按快捷键“Ctrl＋C”复制，然后把图形放到合适位置，设置图形填充色为透明色，描边粗细设置为：0.6mm，颜色为：0、0、100、0，把两个图形放到合适位置，效果如图 6－14 所示。

(11) 选择【文字工具】 T，输入所需要的文字，在控制调板中选择合适的字体和字号，填充文字的颜色设置为：0、40、100、0，效果如图6－15所示。

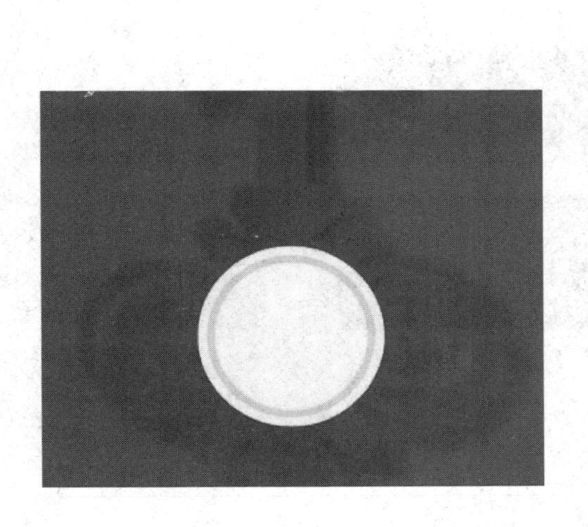

图6－14

图6－15

(12) 选择【选择工具】，在控制调板中单击【旋转】按钮，输入180调整，效果如图6－16所示。

图6－16

(13) 选择【文字工具】 T，输入“河南省新闻出版学校”和“河南省新闻出版培训中心”，在控制调板中选择合适的字体和字号，填充文字的颜色设置为：0、30、90、0，效果如图6－17所示。

(14) 继续选择【文字工具】 T，分别输入“新年快乐”四个字，在控制调板中选择合适的字号，填充为白色，如图6－18所示。

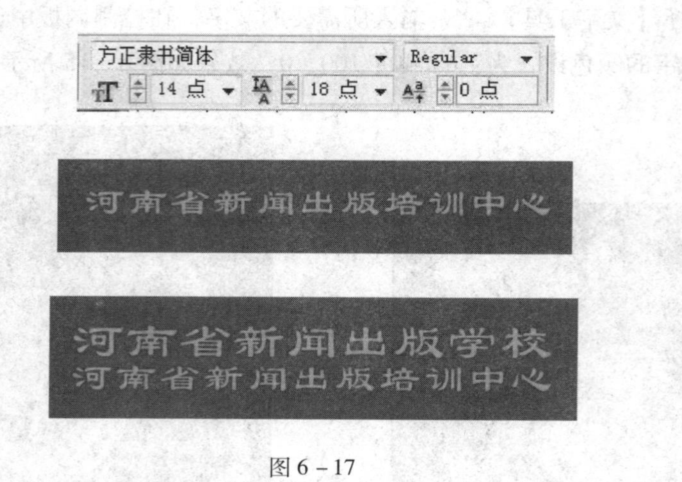

图 6－17

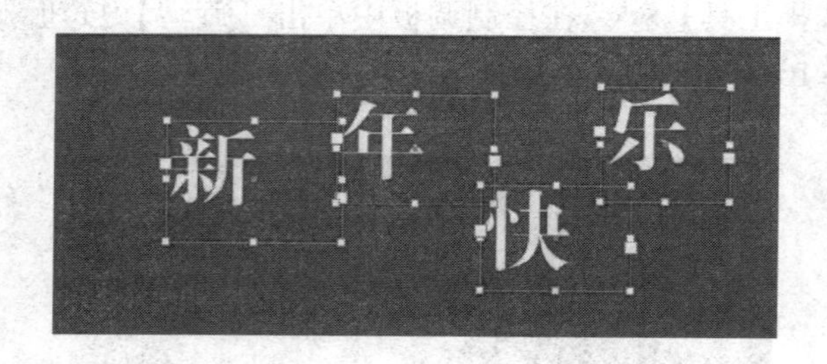

图 6－18

（15）使用【选择工具】选中“新年快乐”这四个字，按快捷键“Shift + Ctrl + O”创建轮廓字调整文字大小，效果如图 6－19 所示。

图 6－19

（16）选择【矩形工具】，在适当的位置绘制一个合适的矩形，描边颜色为无，如图 6－20 所示。

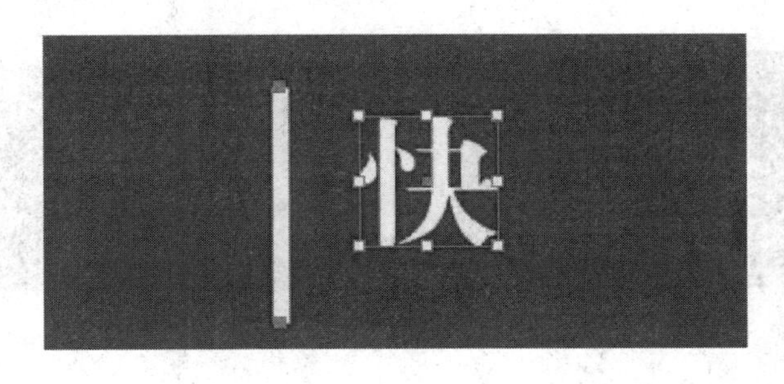

图 6－20

（17）选择【窗口】>【对象和面板】>【路径查找器】选中矩形和“快”字，执行【相加】命令，效果如图 6－21 所示。

（18）选择【选择工具】，选中“新年快乐”这四个字，描边线粗细为 0.4mm，边线颜色设置为：0、20、100、0，然后调整文字大小及位置，效果如图 6－22 所示。

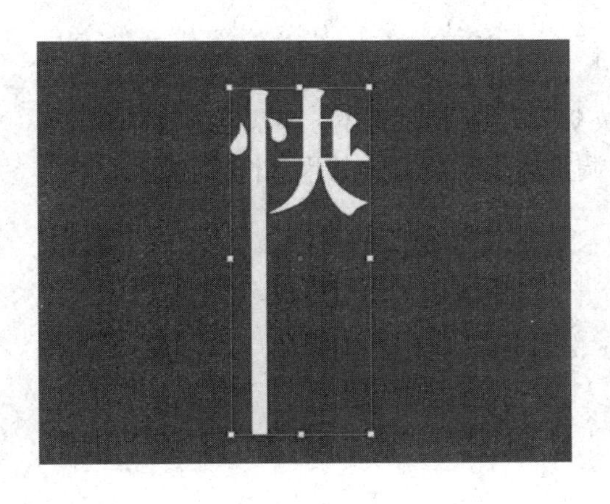

图 6－21

图 6－22

（19）选择【文字工具】T，在适当的位置输入“Happy New Year”和“农历丙申年”，在控制调板中选择合适的字体和字号，其中“Happy New Year”填充文字的颜色设置为白色，“农历丙申年”填充颜色设置为：0、20、100、0，效果如图 6－23 所示。

（20）选择【矩形工具】，在页面中单击鼠标，弹出【矩形】对话框，在对话框中进行参数设置，如图 6－24 所示，单击“确定”按钮，得到一个矩形。边线粗细设置为 0.75mm，边线颜色设置为：0、100、100、0。选择【选择工具】，选中图形同时按“Shift + Ctrl + Alt”组合键和鼠标左键复制一个图形，然后按“Ctrl + Alt + D”组合键进行多重复制，效果如图 6－25 所示。

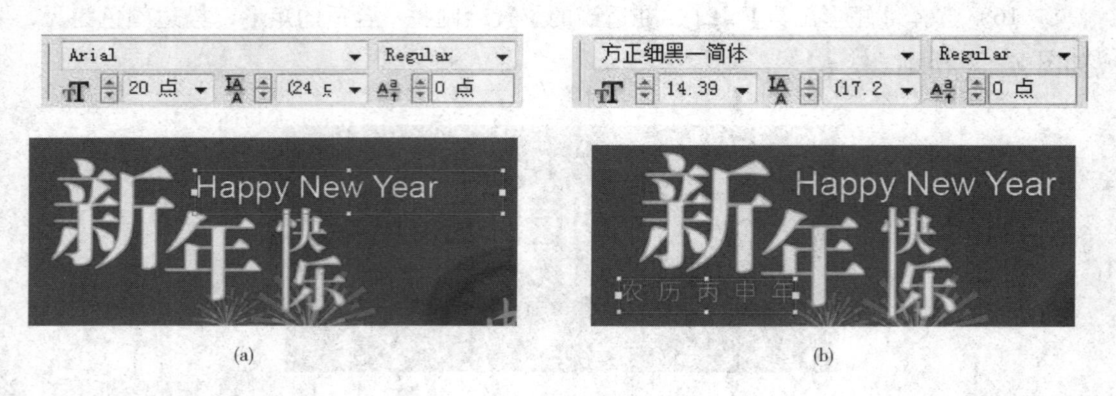

图 6－23

矩形

选项

宽度(W): 7.5 毫米

高度(H): 8 毫米

确定

重置

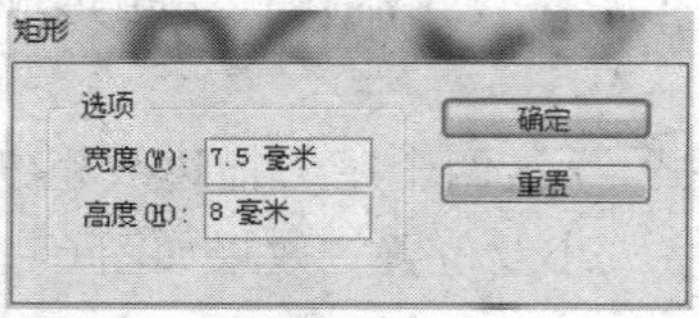

图 6－24

图 6－25

（21）按快捷键“Ctrl＋D”，置入素材“模块 03＼任务 3＼素材＼邮票.TIFF”文件，选择【自由变换工具】，图片旋转 180°，然后调整大小及位置，效果如图 6－26 所示。

图 6－26

（22）按快捷键“Ctrl + D”，置入素材“模块 03 \ 任务 3 \ 素材 \ 恭贺新春 . TIFF、中国邮政标志 . TIFF”文件，选择【自由变换工具】，调整大小及位置，效果如图 6 – 27 所示。

（23）选择【直线工具】，在适当的位置绘制一条直线，粗细设置为 0.2mm，描边颜色设置为黑色。选择【选择工具】，按快捷键“Ctrl + C”、“Ctrl + V”复制粘贴两条，调整位置，效果如图 6 – 28 所示。

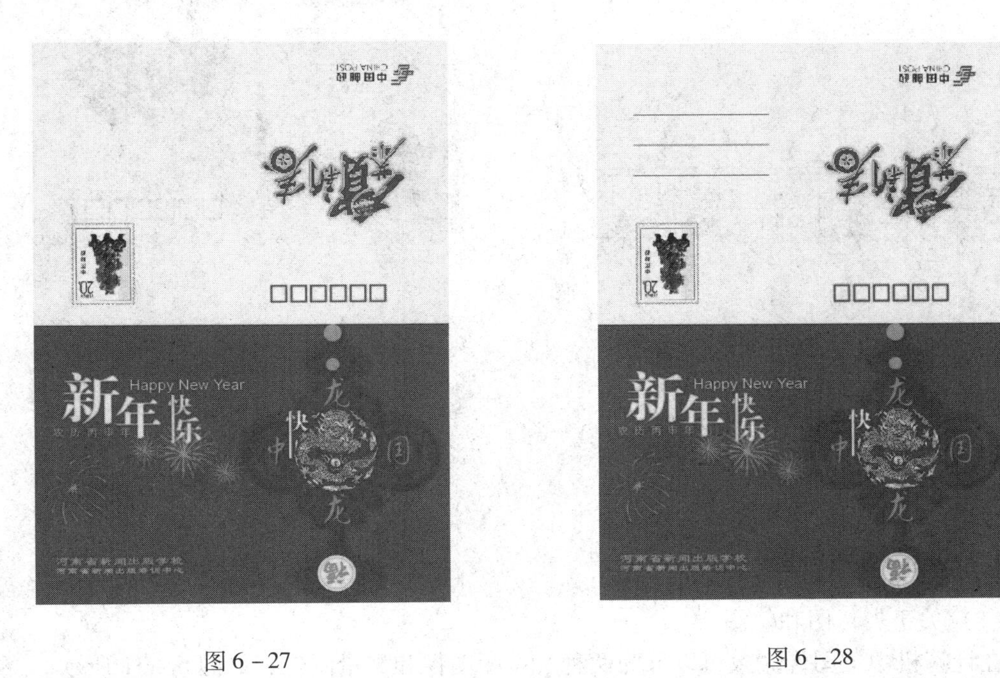

图 6 – 27

图 6 – 28

（24）选择【文字工具】，在适当的位置输入“邮编”和“地址”，字体颜色填充为黑色，在控制调板中选择合适的字体和字号，然后把文字旋转 180°放置适当的位置，效果如图 6 – 29 所示。

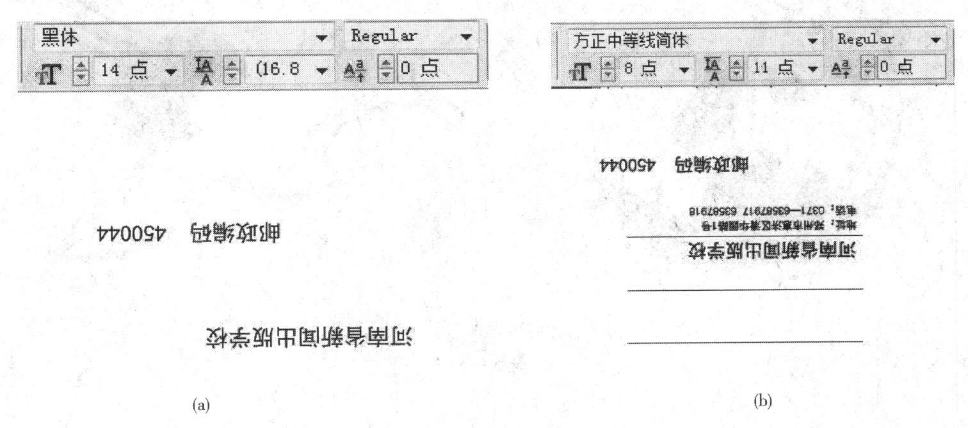

(a)

(b)

图 6 – 29

（25）选择【竖排文字工具】 在适当的位置输入所需文字内容，字体颜色填充为黑色，在控制调板中选择合适的字体和字号，然后把文字旋转180°放置适当的位置，效果如图6－30所示。

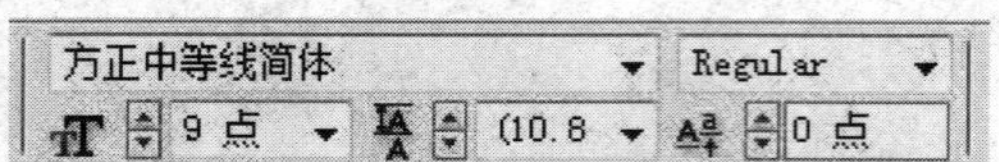

图6－30

知识点扩展

1 矢量图和位图

（1）关于矢量图和位图

在计算机中，图像大致可以分为两种：位图图像和矢量图像，如图6－31所示。

图6－31

位图图像又称为点阵图，是由许多点组成的，这些点被称为像素。许许多多不同色彩的像素组合在一起便构成了一幅图像。由于位图采取了点阵的方式，使每个像素都能够记录图像的色彩信息，因而可以精确地表现色彩丰富的图像。图像的色彩越丰富，图像的像素就越多（即分辨率越高），文件也就越大。由于位图本身的特点，图像在缩放旋转变形时会产生失真的现象。

矢量图像是相对位图图像而言的，也称为向量图像，它是以数学的矢量方式来记录图像内容的。矢量图像中的图形元素称为对象，每个对象都是独立的，具有各自的属性（如颜色、形状、轮廓、大小和位置等）。矢量图像在缩放时不会产生失真，并且它所占用的空间也比较小。这种图像的缺点是不易制作色彩丰富的图像，无法像位图图像那样精确地描绘各种绚丽的色彩。

这两种类型的图像各具特色，也各有优缺点，并且两者之间具有良好的互补性。因此，在图像处理和绘制图形的过程中，将这两种图像交互使用，取长补短，一定能使创作出来的作品更加完美。

（2）位图的分辨率

位图图像包含固定数量的像素，通常用“ppi（每英寸像素）”来度量。高分辨率的图像比同等打印尺寸的低分辨率的图像包含的像素多，因此像素点更小。

对于导入的位图图像，图像分辨率由源文件决定。对于位图效果，可自定义分辨率。要决定使用的图像分辨率，还要考虑图像的最终发布媒体，下面介绍一般情况下对图像分辨率的要求。

①用于商业印刷的图像

根据所使用的印刷机和网频，商业印刷需要150～300ppi（或更高）的图像；制定生产决策之前，应首先咨询印前服务提供商。由于商业印刷需要大型的高分辨率图像（处理这些图像的过程中需要更长时间才能完成显示任务），因此可以在排版时使用低分辨率版本，然后在打印时使用高分辨率版本来替换。

②用于桌面打印

桌面打印通常要求图像的分辨率在72～150ppi，对于线稿图（1位图像），要确保图形分辨率与打印机分辨率匹配。

③用于Web发布

由于联机发布通常要求图像的像素大小适合于目标显示器，因此图像的宽度通常小于500万像素，高度小于400万像素，以便为浏览器窗口控制或类似题注这样的版面元素留出空间。对于基于Windows的图像，创建屏幕分辨率为96ppi的原始图像；对于基于Mac OS的图像，创建屏幕分辨率为72ppi的原始图像，这样可以查看在通过典型的Web浏览器查看图像时的图像效果。联机发布时，只有在查看者希望能够进行放大以获取PDF文档中更多细节，或所生成文档需要进行按需打印时，才有可能需要使用高于这些范围的分辨率。

2 置入图像

使用其他软件合成好的图像可以通过多种方式导入到InDesign页面中，经常用到的是拖曳方式和置入方式。

通过【置入】命令将图片导入 InDesign 页面中是最规范的操作，可以置入单张图片或者一次置入多张图片。

执行【文件】>【置入】命令，弹出【置入】对话框，选择置入的图片，单击【打开】按钮，鼠标指针发生变化，在文档空白处单击鼠标左键可以将图像置入到文档中，如图 6－32 所示。

图 6－32

勾选【显示导入选项】复选项，单击【打开】按钮之后会弹出【图像导入选项】对话框，在对话框中可以设置图片的置入选项，如图 6－33 所示。

图像导入选项 (20091220_3514a47c9adca83a7097Kk1WwxhiFaYP.jpg)
图像 颜色
应用 Photoshop 剪切路径(A)
Alpha 通道(C) 无
显示预览(S)
确定 重置

图 6－33

在 InDesign 中，可以导入 Adobe 应用软件的文件，还可以导入多种图形图像格式，包括位图格式和矢量格式等，表 6－1 对各种图形图像的格式进行了介绍。

表 6 – 1

最终输出	图形类型	格式
高分辨率（>1000dpi）	矢量绘图	Illustrator、EPS、PDF
	位图图像	Photoshop、TIFF、EPS、PDF
印刷分色	矢量绘图	Illustrator、EPS、PDF
	彩色位图图像	Photoshop、CMYKTIFF、DCS、EPS、PDF
	有颜色管理的图形	Illustrator、Photoshop、RGBTIFF、RGB、EPS、PDF
低分辨率打印，或用于在线查看的 PDF	全部	任意（仅限 BMP）
Web	全部	任意（在导出为 HTML 时 InDesign 将图形转换为 JPGE 和 GIF）

3 管理图像

在 InDesign 页面中可以导入多张图像。为了加快工作效率，避免图像过多出现混乱，需要对图像进行有效的管理，在 InDesign 中可以非常便捷地管理大量的图像。

（1）控制图像的显示性能

为了加快图像的显示速度和计算机资源的合理利用，导入到 InDesign 页面中的图像默认显示为【典型显示】，即图像显示为马赛克效果，该效果只是用于显示图像的大小与位置等，不影响图像的印刷效果和输出效果。

在 InDesign 中可以调整图像的显示方式。执行【视图】>【显示性能】命令，在该命令的子命令中一共有 3 种方式显示图像。

【快速显示】是将图像以灰色色块显示，该显示效果的速度最快。

【典型显示】以低分辨率效果即马赛克效果显示图像。

【高品质显示】以高分辨率方式来显示图像，该显示方式图像效果最清晰，但是显示速度最慢，需要占用更多的计算机资源，如图 6 – 34 所示为 3 种显示方式的图像效果。

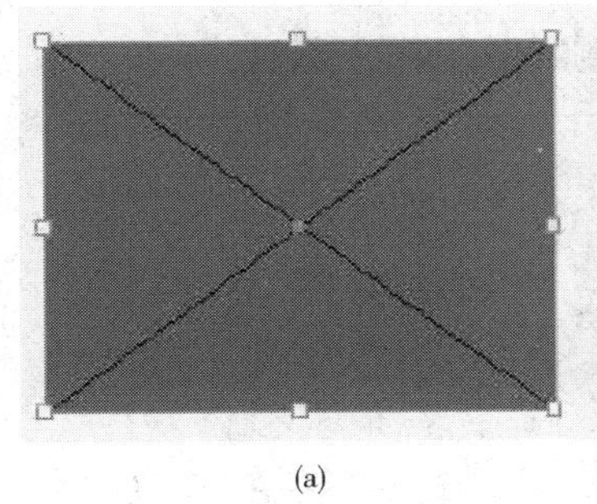

(a)

(b)

(c)

图 6 – 34

（2）链接图像和嵌入图像

导入到 InDesign 页面中的图像以两种状态存在于文档中，一种是链接状态，称为链接图像；另一种是嵌入状态，称为嵌入图像。

链接的图像是图像与文档保持独立，置入到页面中的图像仅是该图像缩略图的替身，当文档要以高品质显示或者印刷输出时，文档会去查找原始图像进行链接，这样才能保证图像的高品质输出，如图 6－35 所示。

图 6－35

链接图像是一种简便的方式，该种方式得到文档较小，因此打开和储存文档速度很快，并且当编辑原始图像的时候，无须反复导入图像，链接图像会显示和提示图像发生变化。要使文档能查找到原始图像以建立链接，不能任意更改图像的存放位置，否则丢失链接后图像不能高品质输出。

嵌入的图像会将图像本身导入到文档中，该种方式文档不需要与原始图像建立链接，即可进行高品质显示和输出印刷。单击【链接】面板中的 按钮，在弹出的快捷菜单中执行【嵌入链接】命令，可以将图像嵌入文件中，如图 6－36 所示。

图 6－36

(3)【链接】面板

①【链接】面板简介

【链接】面板用于管理转入 InDesign 文档中的图片，置入的图片会排列在【链接】面板中，使用【链接】面板可以完成查找图片信息、链接图像、修改图片状态等操作。

执行【窗口】>【链接】命令，可弹出【链接】面板，在【链接】面板中选中图像，在【链接信息】栏中显示了该图像的色彩空间、有效 PPI 等，如图 6－37 所示。

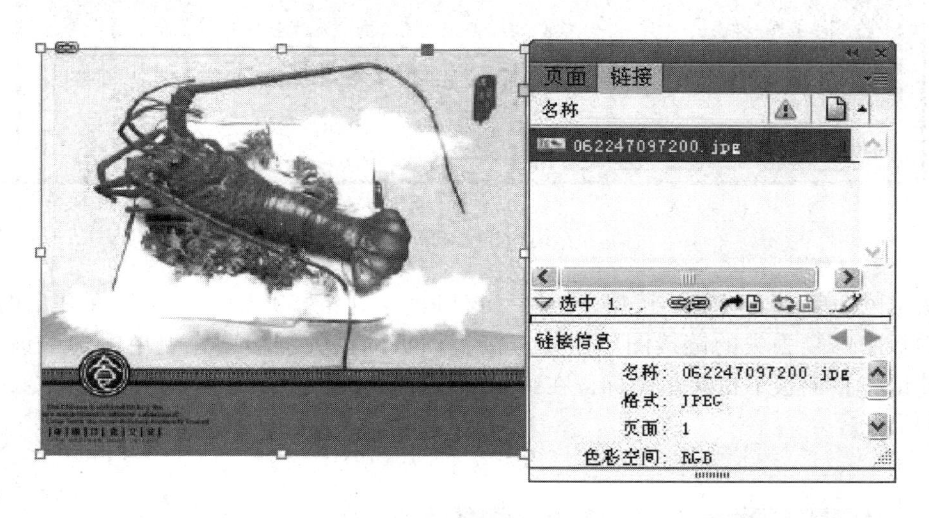

图 6－37

在【链接】面板中，上方是图像存储区，下方是图像信息区。图像存储区用来存储所有的链接图和嵌入图，这些图像都以分条的形式分布在面板中，存储中的图像条目分为 3 部分内容，分别是链接图的状态、链接图的名称和链接图所在的页码。

链接图状态用于表示该图像与原始图像的链接关系，链接图名称用于显示该链接图的名称，链接图所在页码用于显示该链接图所在的页面页码，如图 6－38 所示。

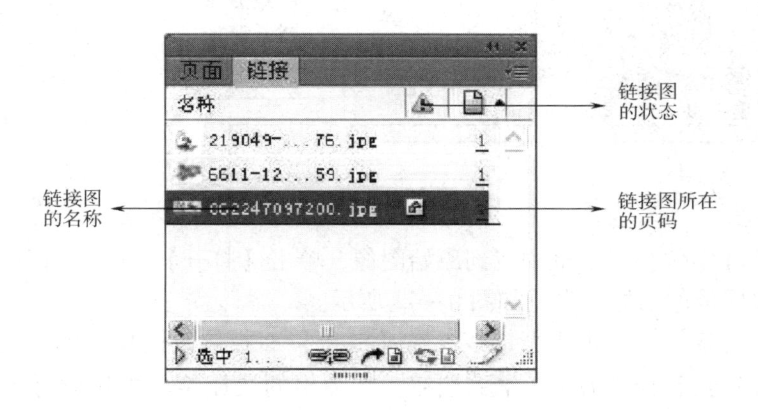

图 6－38

②【链接】面板应用

在文件中，由于误删或者其他原因导致链接图像的原始图像丢失或者被修改，一定要恢复链接才能正常输出印刷。

文档中的链接图像丢失或者修改了原始图后，在打开文件时会自动弹出提示对话框，如图 6－39 所示。

图 6－39

使用鼠标单击“确定”按钮，执行【窗口】 > 【链接】命令，可以在弹出的【链接】面板中修复丢失的链接图。在【链接】面板的丢失链接图栏上单击选中该图像，单击【链接】面板下拉菜单图标，在弹出的快捷菜单中执行【重新链接】命令，如图 6－40 所示。

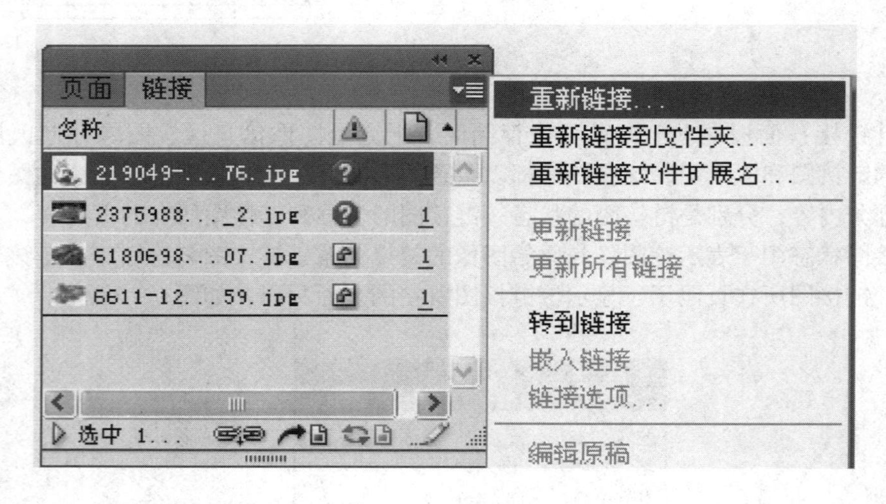

图 6－40

在弹出的【定位】对话框中找到原始图像，单击【打开】按钮，如图 6－41 所示；可以看到链接图像的图标消失，如图 6－42 所示。

可以通过【链接】面板更新链接。在【链接】面板修改链接图的栏上单击选中该图像，单击【链接】面板右上角按钮，在弹出的快捷菜单中执行【重新链接】命令，在弹出的【定位】对话框中找到要链接的图像，单击【打开】按钮，如图 6－43 所示，链接图像的图标消失表示被更新。

图 6－41

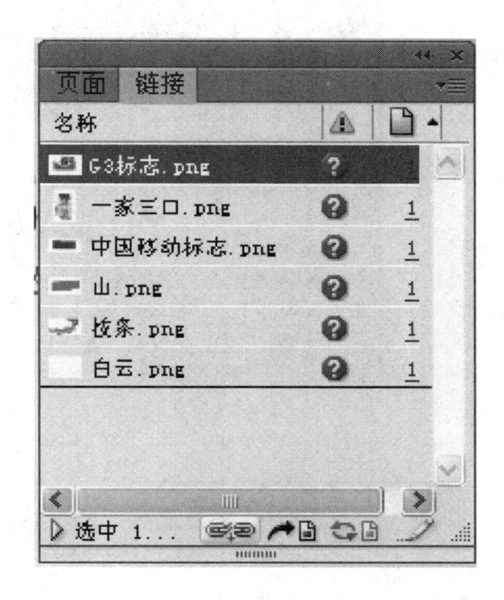

图 6－42

图 6－43

可以通过【链接】面板转换图像的嵌入和链接状态。在【链接】面板中选中一张链接图，单击【链接】面板右上角的按钮，在弹出的快捷菜单中执行【重新链接】命令，即可将链接图转为嵌入图，如图 6－44 所示。

可以选择工具箱中的【选择工具】来选中图像，也可以通过【链接】面板来选中图像，单击【链接】面板右上角的按钮，在弹出的快捷菜单中执行【转至链接】命令，页面会自动跳转到该图像的页面并选中该图像，如图 6－45 所示。

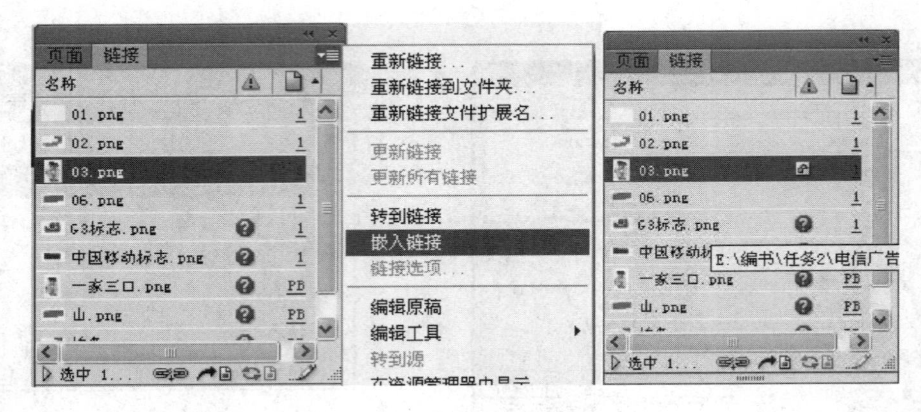

图 6 – 44

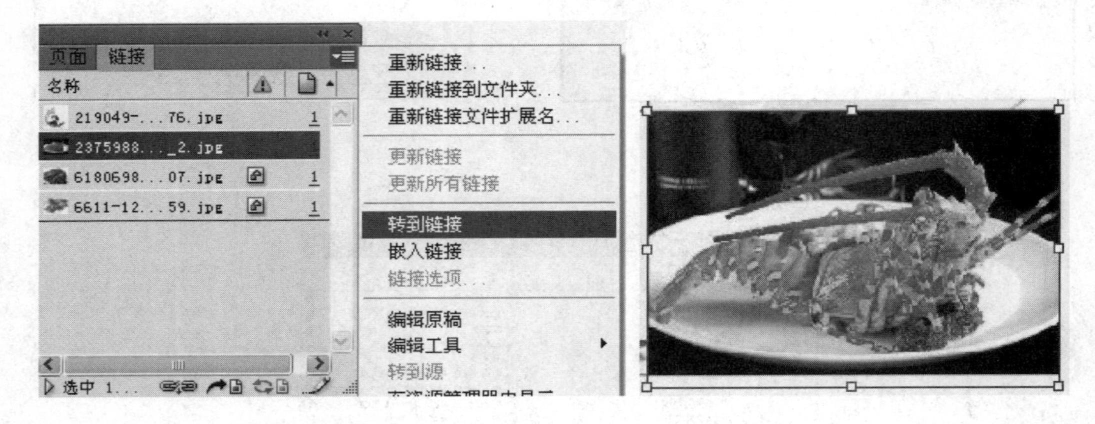

图 6 – 45

可以通过【链接】面板编辑原稿，在【链接】面板中选中一张链接图，然后在面板的快捷菜单中执行【编辑原稿】命令，可以看到此图像格式对应的编辑软件会自动打开，如图 6 – 46 所示。

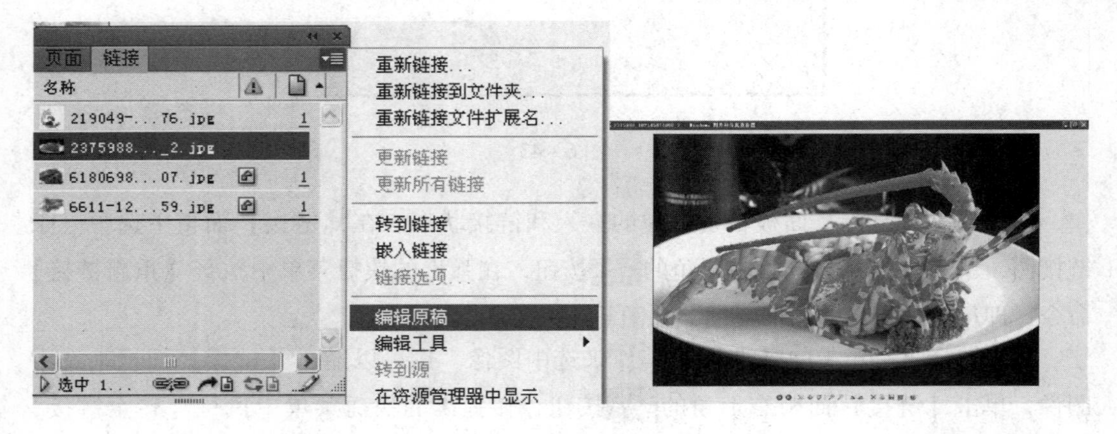

图 6 – 46

4 【效果】命令

【效果】用于向选定的目标添加特殊的对象效果，使图形对象产生变化。单击【效果】面板下方的 fx 按钮，在弹出的菜单中选择需要的命令，可以为对象添加不同的效果，如图 6－47 所示。

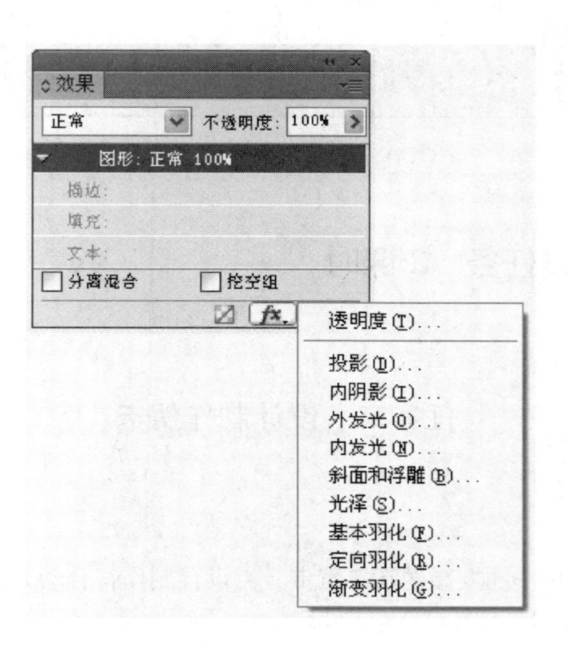

图 6－47

如选择【选择工具】，选取需要的图形，执行【对象】>【效果】>【投影】命令，可以得到投影效果，如图 6－48 所示。

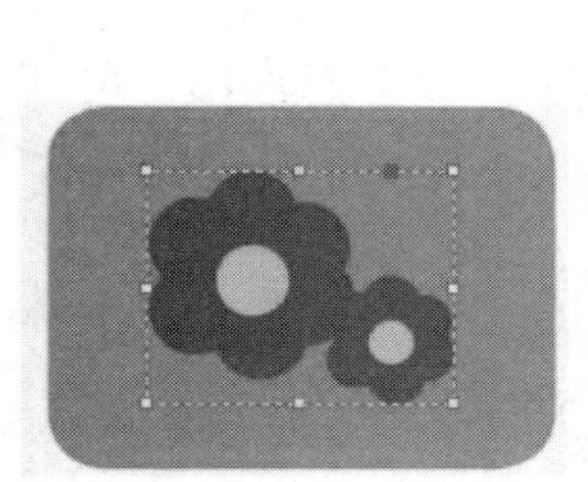
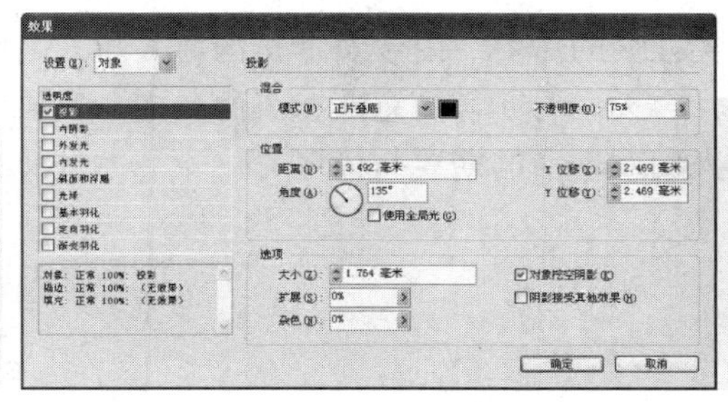

图 6－48

执行【对象】>【效果】>【基本羽化】命令，在弹出的【效果】对话框中设置参数之后，单击“确定”按钮，即可得到投影效果，如图 6－49 所示。

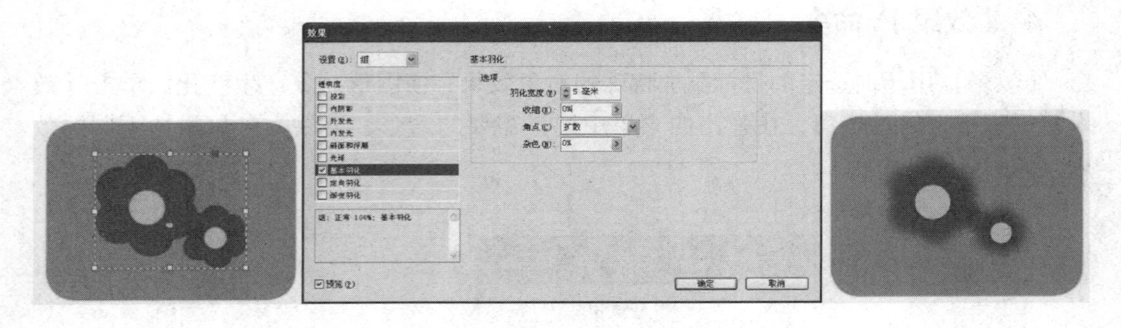

图 6－49

独立实践任务 2 课时

任务二 设计制作贺卡

任务背景

某幼儿园要向每位小朋友赠送新年贺卡，需设计制作符合幼儿特点的贺卡。

任务要求

贺卡尺寸为贺卡标准尺寸，出血为3mm，在制作的过程中要用到本章中所提到的工具。

任务分析

贺卡的产生源于人类社交的需要。由于贺卡是沟通人与人之间的情感交往，而此种交往又往往以短句表达，今天一看亦言简意赅，久而久之，贺语就出现了程式化，讲究喜庆，互送吉语，传达人们对生活的期冀与憧憬。

任务参考效果图〉〉

模 块 三

Photoshop篇

设计制作名片
——Photoshop 基础知识与基本选择工具

任务参考效果图〉〉

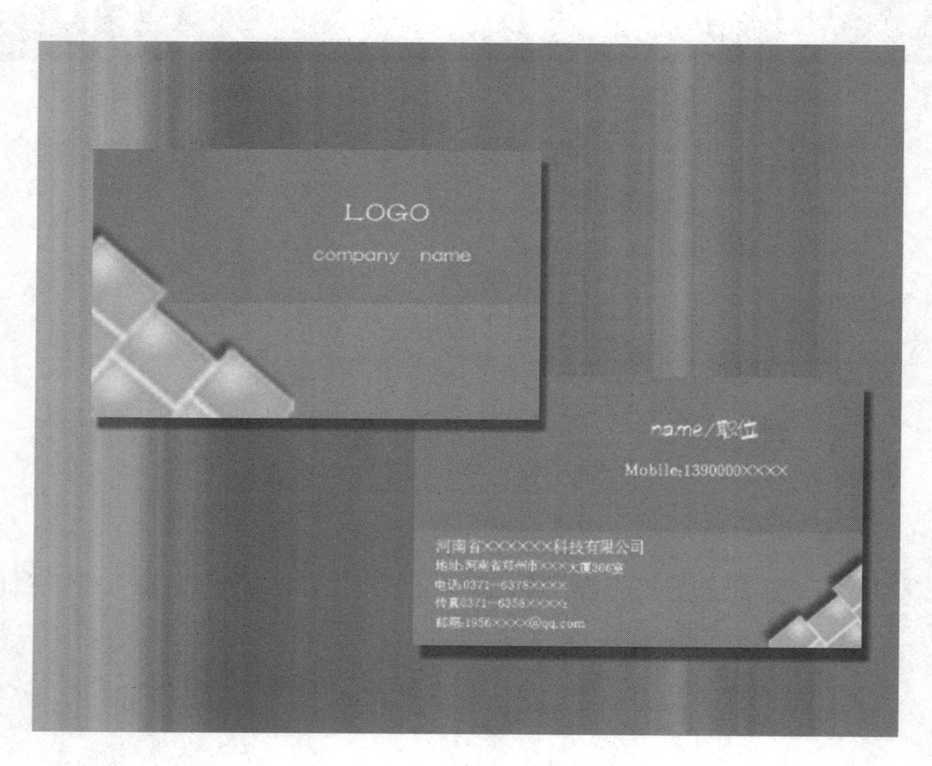

能力目标

1. 能使用【导入】命令导入不同格式的素材文件。

2. 能设计制作各种用途的名片。

软件知识目标

1. 熟悉 Photoshop 工作界面。
2. 掌握选择工具的使用。
3. 掌握【导入】命令的使用。

专业知识目标

1. 了解名片的尺寸。
2. 了解分辨率与图像的关系。

课时安排

4 节课（讲 2 课时，实践 2 课时）

模拟制作任务 2 课时

任务一 设计制作名片

任务背景

某设计师由于需要推广业务，需要制作一批名片。

任务要求

名片专为企事业单位、大中型超市或小型商铺发放，要求画面简单、整洁，突出设计师的艺术风格。

任务分析

名片上不需要太多的内容，最主要突出“标志”图形，没有装饰、没有阴影、没有渐变、没有填充效果，只有简单的色彩，分辨率要求为 300ppi。

本案例的难点

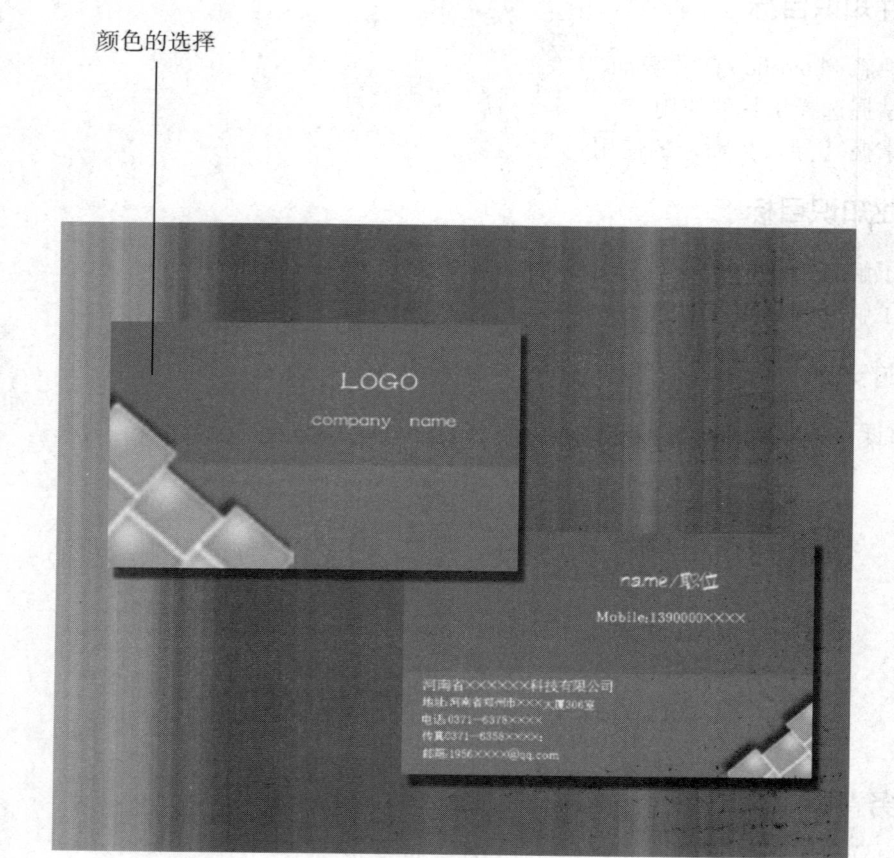

操作步骤详解

创建新文档

（1）双击 Photoshop CS5 启动图标，启动 Photoshop CS5，进入界面。

（2）新建一个尺寸为 94mm × 58mm 的空白文件，页面方向为纵向，文件名称为“名片”。确定名片尺寸，国内一般是 90mm ×54mm，英美国家一般是 3. 5in ×2in。加上上下各 2mm 的出血，文件的页面大小为 94mm ×58mm，如图 7 – 1 所示。

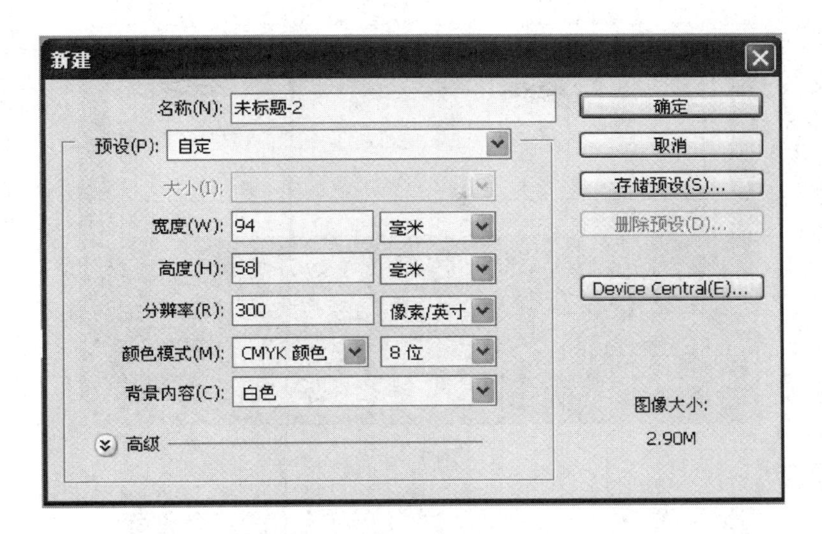

图 7－1

设置辅助线

（3）单击【视图】按钮，显示标尺。从标尺上拖动添加辅助线，添加并显示出血区域，如图 7－2 所示。

图 7－2

（4）名片正面的下半部分用（#0affc8）湖蓝色矩形块填充，整体高度的 1/3，如图 7－3 所示。

（5）上半部分使用和相近的色彩，两种色彩搭配在一起，用这种颜色填充剩余部分，如图 7－4 所示。

（6）置入标志，如图 7－5 所示。

图 7－3

图 7－4

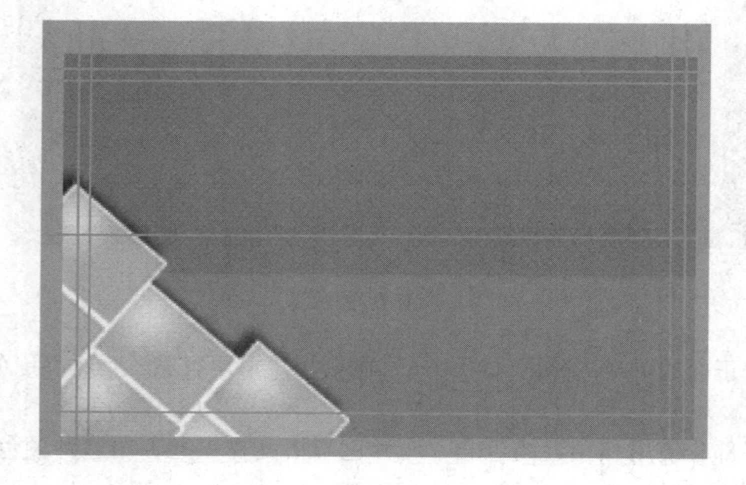

图 7－5

（7）创建新图层，输入文本，如图 7 –6 所示。

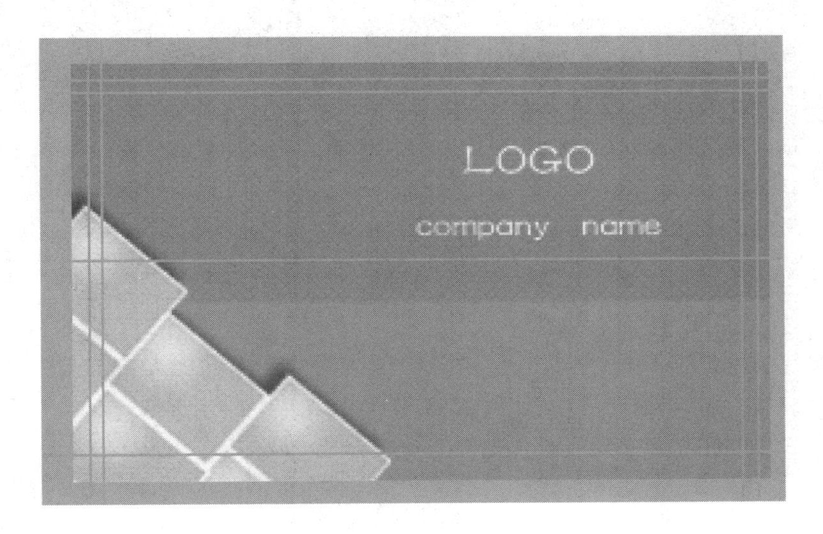

图 7 –6

制作背面

（8）与正面一样，底部同样使用了占整体 1/3 的绿色矩形块，然后上面再加入一小块条纹。如图 7 –7 所示。

图 7 –7

（9）为了增加名片的标识性，可以缩小正面的 Logo，加入到右下角，如图 7 –8 所示。

（10）使用文字工具输入地址、邮箱、电话号码等文字信息，如图 7 –9 所示。

图 7－8

图 7－9

提示:

在输入文字的时候，要注意设置对齐。

（11）执行【文件】>【存储】命令，打开【保存】对话框，设置“文件名”为“名片”，在“保存类型”下拉列表框中选择“. PSD”，然后单击【保存】按钮，完成存储，如图 7－10 所示。

（12）执行【文件】>【存储为】命令，打开【保存】对话框，设置“文件名”为“名片”，在“保存类型”下拉列表框中选择“. tif”，然后单击【保存】按钮，完成存储，如图 7－11 所示。

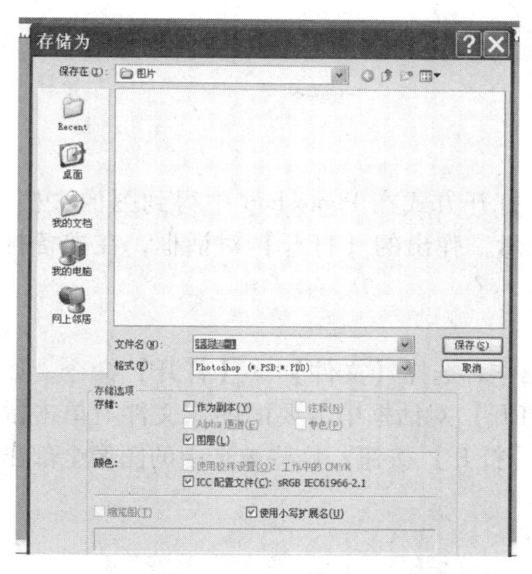

图 7－10

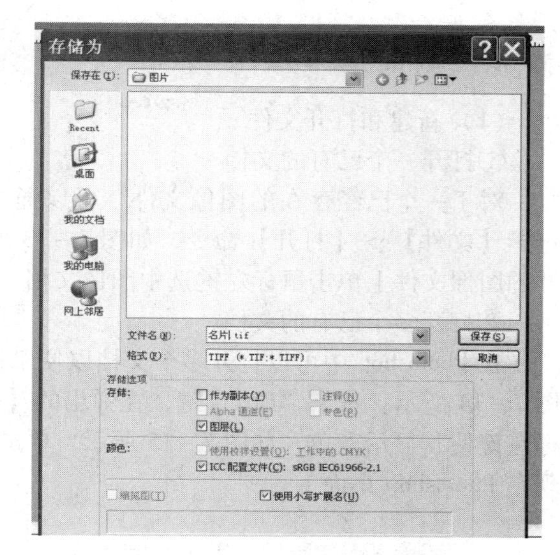

图 7－11

知识点扩展

1 Photoshop CS5 的操作界面

Photoshop CS5 的工作界面主要由菜单栏、选项栏、工具箱、文件窗口、标题栏、状态栏等部分组成，如图 7－12 所示。

图 7－12

2 文件的基本操作

（1）新建和打开文件

①打开一个已有的文档

对于一个已经存在的图像文件，可以通过打开方式在 Photoshop 中得到图像文档，选择【文件】>【打开】命令，如图 7－13 所示，弹出的【打开】对话框，在准备打开的图像文件上单击鼠标左键选中图像文档。

②打开多个已有的文档

在 Photoshop 中可以打开多个文档以便于操作。选择【文件】>【打开】命令，如图 7－14 所示，按下“Ctrl”键，在弹出的【打开】对话框中需要的图像文件上单击鼠标左键使其显示蓝色，如图 7－15 所示，单击【打开】按钮，这些被选中的图像全部出现在 Photoshop 桌面上。

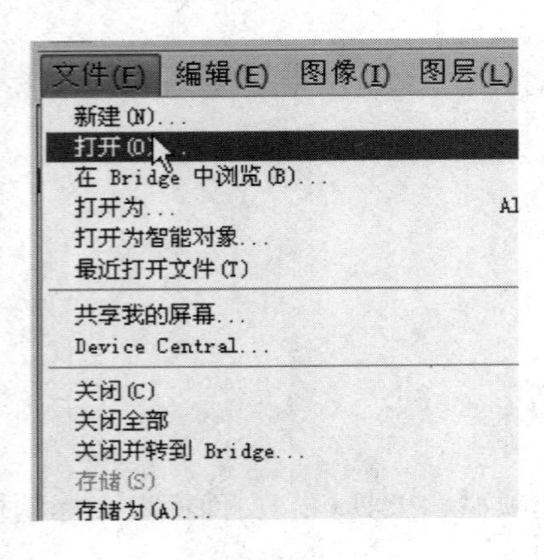

图 7－13

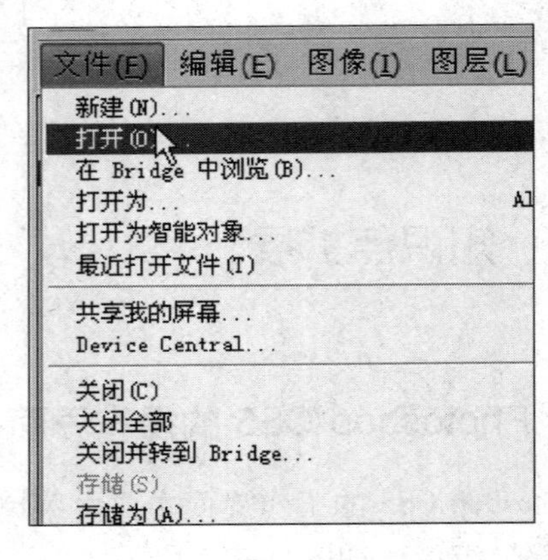

图 7－14

（2）创建一个新文档

创建一个空白文件，可以用选择文件【文件】>【新建】命令来实现，如图 7－16 所示。

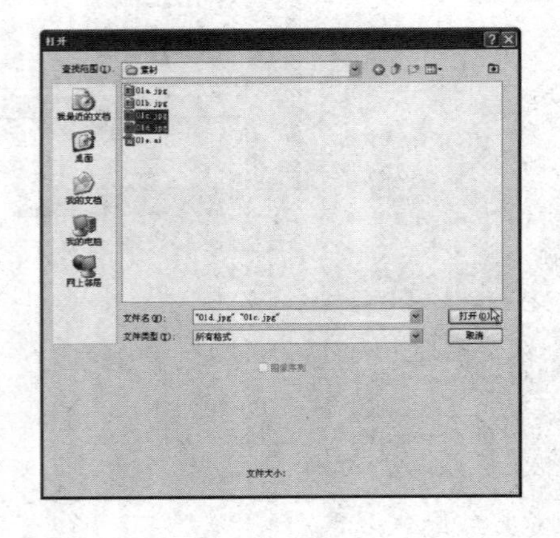

图 7－15

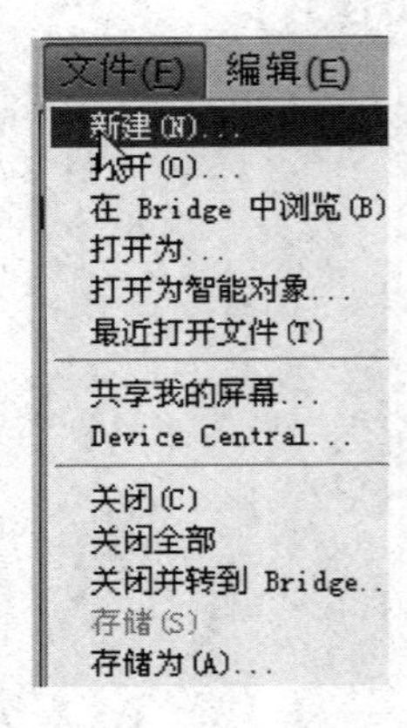

图 7－16

选择该命令后，弹出【新建】对话框，如图 7－17 所示。在对话框中可以对新建文件的名称、尺寸、分辨率、颜色模式等进行设置，在选项设置完成后。

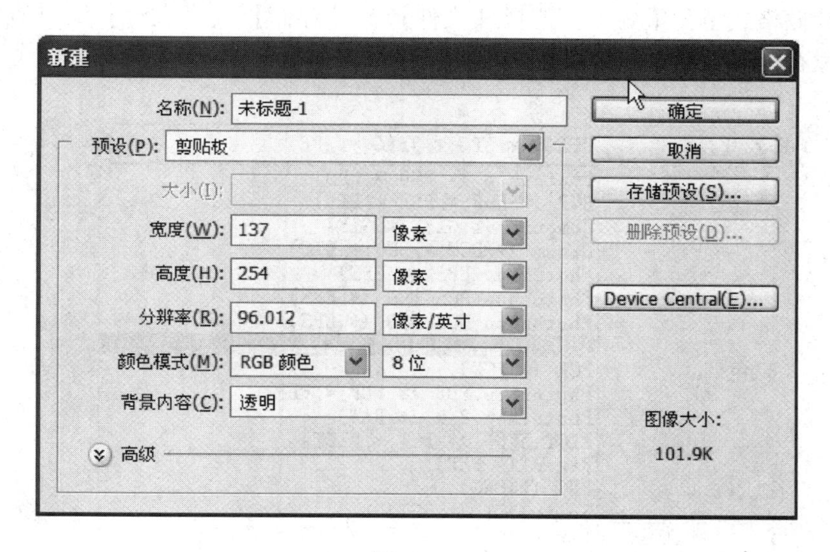

图 7－17

（3）文件的保存

①存储

选择【文件】＞【存储】命令可以保存一个未经存储的新图像，弹出【存储为】对话框，如图 7－18 所示，在该对话框中可以设置或修改文件的名称，指定存储的位置，选择存储的格式，单击【保存】按钮，即可将文件保存。

②存储为

选择【文件】＞【存储为】命令，可以更改已有文件的名称、格式、存储位置等，弹出【存储为】对话框，将文件另存，如图 7－19 所示。

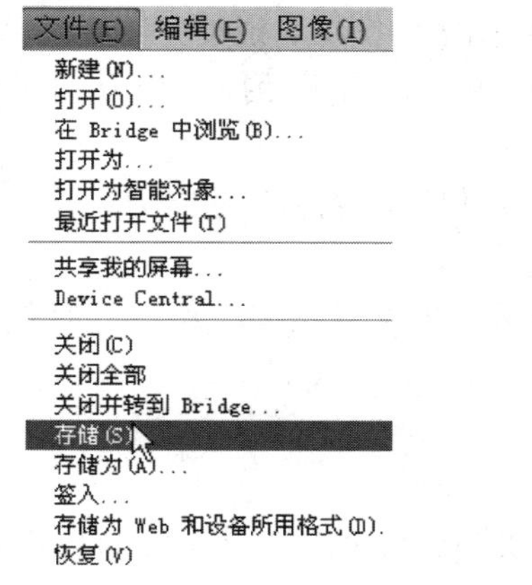

图 7－18

图 7－19

③存储格式

Photoshop 所支持的图片存储格式非常多，其存储方式及应用范围都各不相同，所以文件的存储格式至关重要，在选择【文件】 > 【存储】或【文件】 > 【存储为】命令时，可以在弹出的对话框中设置文件的保存格式，如图 7 – 20 所示。

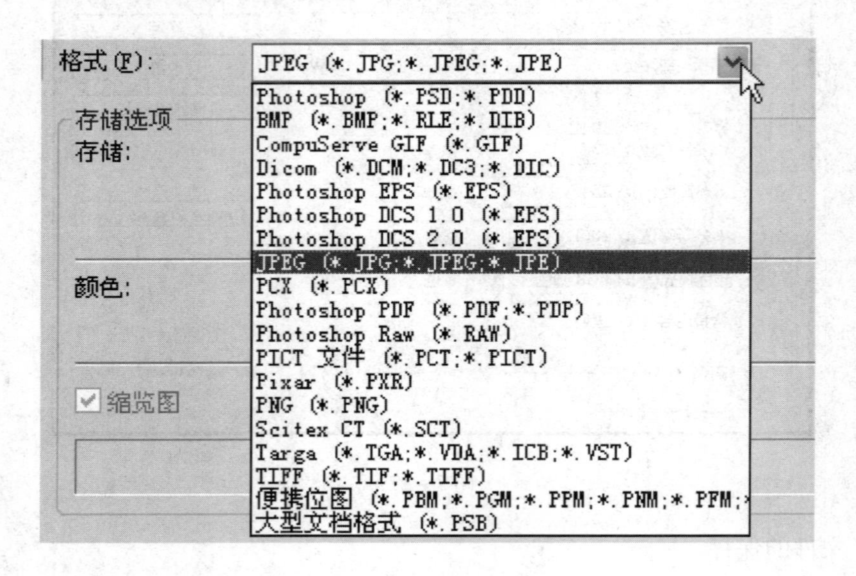

图 7 – 20

a. PSD 格式：PSD 是 Photoshop 生成的文件格式，是默认的文件格式，可以保存图层、路径、通道和颜色模式等图像的所有信息，所以一般时候都会将文档存储为 PSD 格式，可以方便以后进行修改。

b. JPEG 格式：JPEG 格式时带有压缩的一种文件格式，可以设置压缩的数值。可以存储路径，但不能存储图层通道的信息。

c. TIFF 格式：TIFF 格式是一种通用的文件格式，几乎所有的绘图、图像编辑软件和扫描仪都支持该格式。TIFF 格式可保存图像的图层、通道、路径的信息。

d. GIF 格式：GIF 格式使用 LZW 压缩方式，属于无损压缩方式，不会损失图像的细节。

e. PDF 格式：PDF 具有良好的文件信息保存功能和传输能力，是一种通用的文件格式，主要用于网上出版和网络传输。

f. EPS 格式：EPS 格式是一种被广泛使用的文件格式，可以同时包含矢量图形和位图，支持 RRB 模式、CMYK 模式、位图模式、灰度模式等。

3 基本操作命令

在 Photoshop 中有一些基本的命令是必须熟知和掌握的，这对以后在学习 Photoshop 的过程中是有很大帮助的。

（1）“编辑”菜单

打开【编辑】的下拉菜单，如图 7－21 所示。

①还原：可以撤销对图像进行的最后一次操作。

②后退一步：可以连续撤销操作。

③拷贝：可以将图像拷贝复制。

④粘贴：可以粘贴拷贝后的图像。

⑤填充：可以选择前景色、背景色、自定的颜色以及图案等对图像进行填充。

（2）“图像”菜单

打开【图像】的下拉菜单，如图 7－22 所示。

①图像模式：可以转换图像的模式，如 RGB、CMYK、Lab 等。

②图像大小：可以调节图像的尺寸和分辨率。

③画布大小：可以设置图像画布的大小。

④旋转画布：可以旋转图像的画布。

（3）设置标签类型

打开【选择】的下拉菜单，如图 7－23 所示。

①全部：可以选择图像的全部内容。

②取消选择：可以将选区取消。

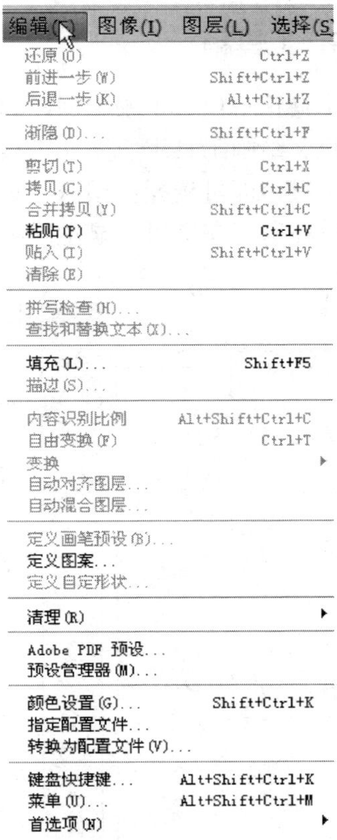

图 7－21

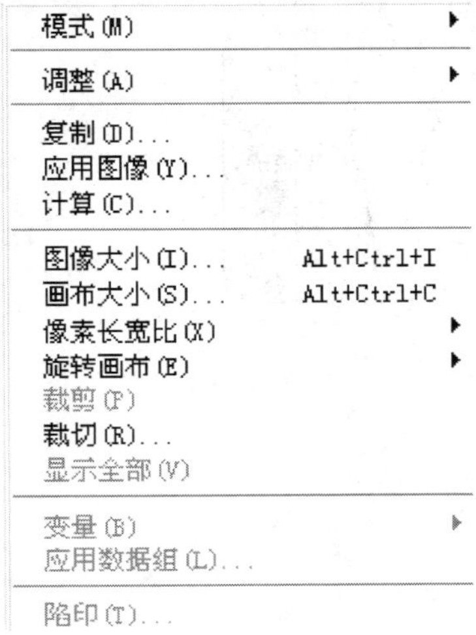

图 7－22

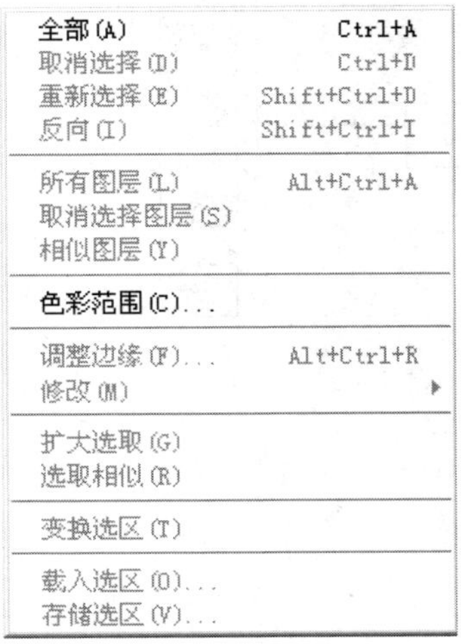

图 7－23

4. 工具箱

工具箱中包含了用于创建和编辑图像的工具，按照功能可以将其分为 4 大类：选取工具组、绘画工具组、路径工具组和辅助工具组，如图 7－24 所示。用鼠标单击工具箱中的工具，即可选择使用该工具，右下角带有黑色的小三角形图标的工具可展开下拉菜单，按住鼠标左键可以显示隐藏的工具，如图 7－25 所示。

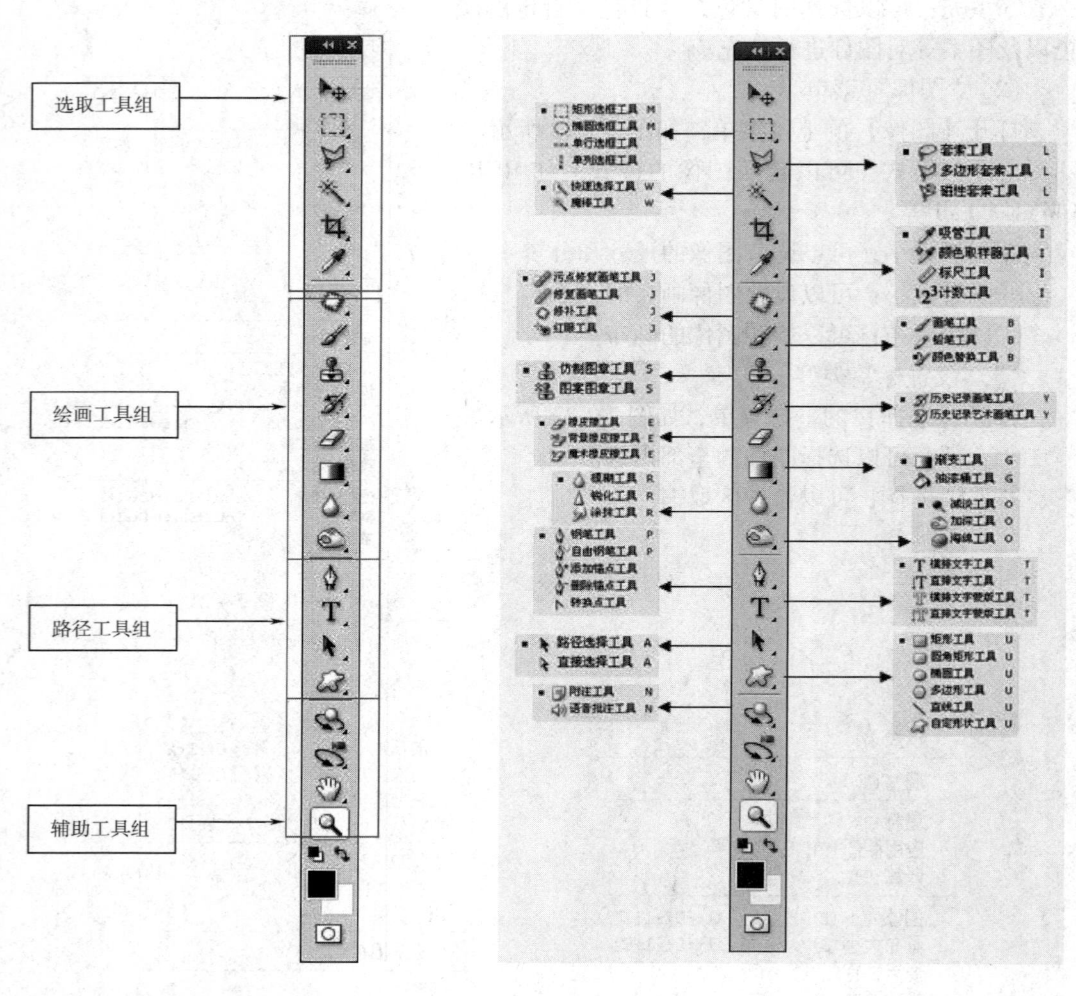

图 7－24　　　　图 7－25

独立实践任务 2课时

任务二 员工名片的设计与制作

任务背景

设计一张企业名片，以凸显企业特色，便于向他人更好地介绍企业特点。

任务要求

名片的尺寸为90mm×50mm，出血为2mm。

任务分析

每个企业的企业文化不同，产品也不同，所以在设计时，可以根据企业特征和各方面条件，设计名片中的装饰元素，最后添加企业信息即可。

任务参考效果图

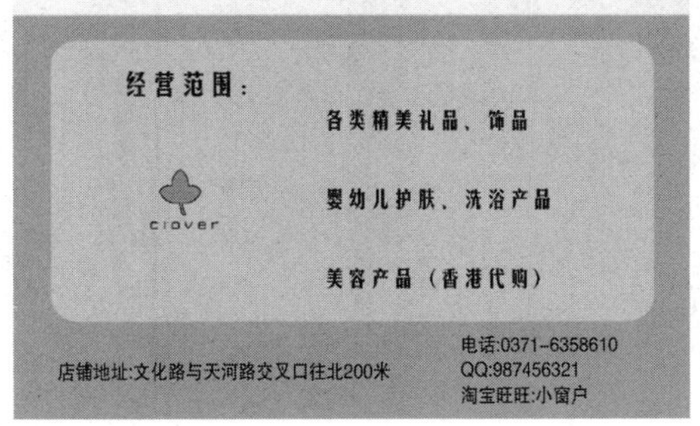

日历制作
—— Photoshop 图层知识的综合应用

任务参考效果图〉〉

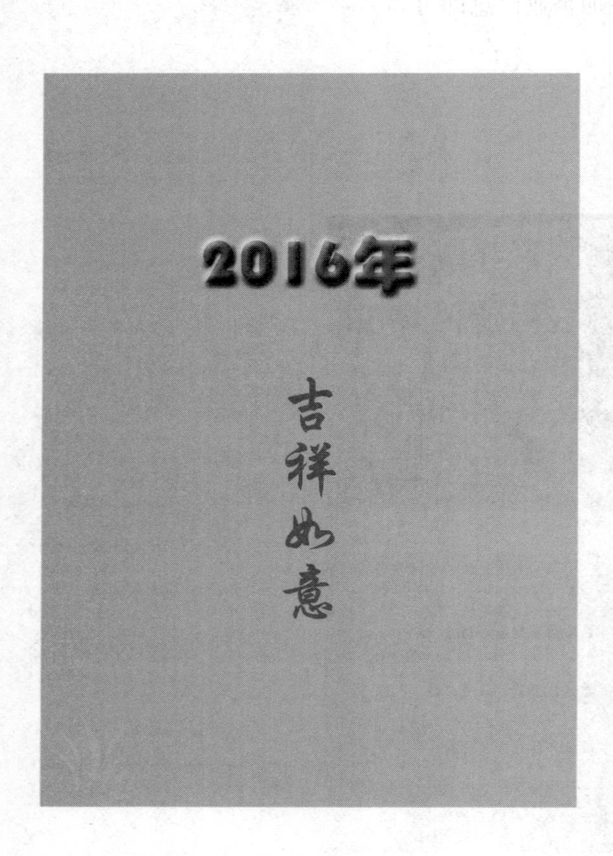

1月 2016 JANUARY

日SUN	一MON	二TUE	三WED	四THU	五FRI	六SAT
					1	2
3	4	5	6	7	8	9
10	11	12	13	14	15	16
17	18	19	20	21	22	23
24	25	26	27	28	29	30

能力目标

1. 能够灵活地使用文本工具在视图中创建并编辑文本。
2. 能够合理运用图层来添加特殊效果。

软件知识目标

1. 掌握输入点文本和段落文本的方法。
2. 掌握文本的编辑方法。

专业知识目标

1. 创建多页宣传页或宣传册。
2. 利用辅助线来对齐文本，丰富页面效果。

课时安排

4 节课（讲 2 课时，实践 2 课时）

模拟制作任务 2 课时

任务一 设计制作日历

任务背景

为新年制作可供使用的日历。

任务要求

画面要求大方、典雅，并能引起购买使用的欲望。

任务分析

该日历页正面为简单的颜色填充和文字、形状组合，内页配合山水画图像，通过精练的图案和色彩来吸引人们的目光，以达到让人们深入了解、并最终达成消费的目的。

本案例的难点

日SUN	一MON	二TUE	三WED	四THU	五FRI	六SAT
					1	2
3	4	5	6	7	8	9
10	11	12	13	14	15	16
17	18	19	20	21	22	23
24	25	26	27	28	29	30

操作步骤详解

制作日历封面

（1）启动 Photoshop CS5，执行【文件】>【新建】命令，创建一个新文件。文件的大小为216mm，高为303mm，如图 8－1 所示。

（2）在视图的四个边上分别设置出 3mm 的出血线，如图 8－2 所示。

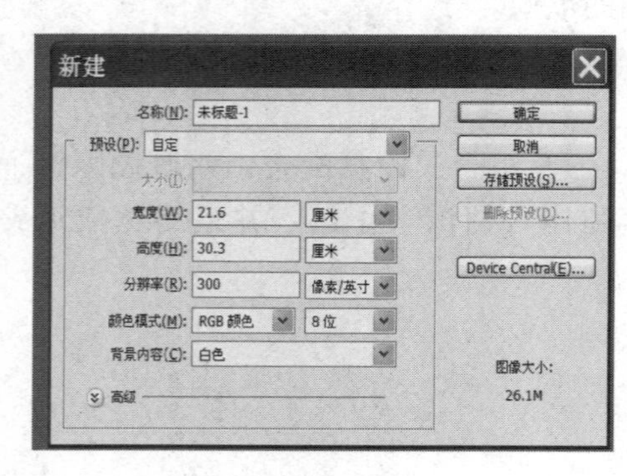

图 8－1

图 8－2

（3）在【视图】面板中，单击“锁定辅助线”按钮，将添加的辅助线锁定，如图 8－3 所示。

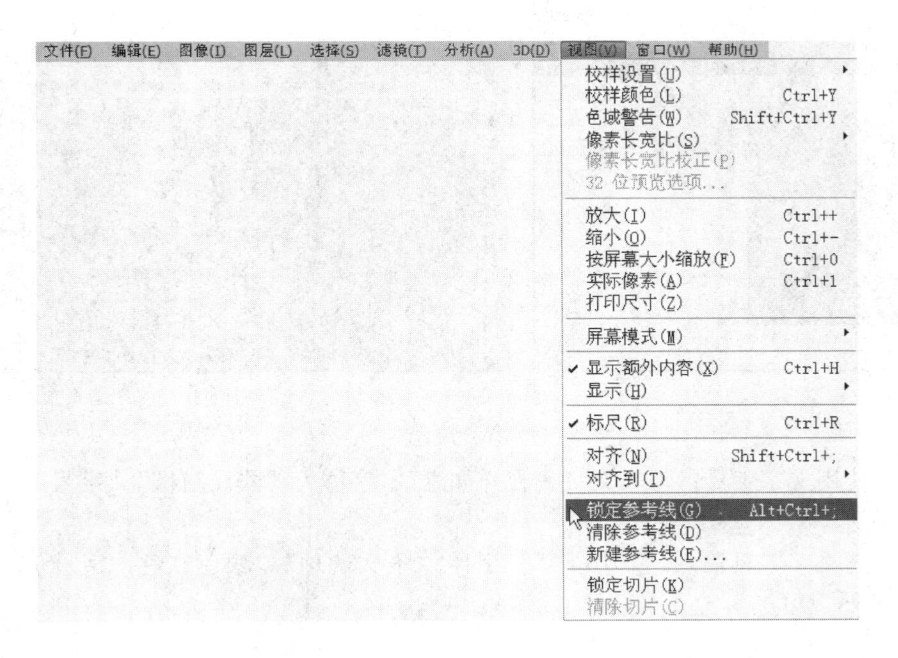

图 8－3

（4）单击工具箱中的【选框工具】，绘制一个与出血页面范围同等大小的矩形，如图 8－4 所示。

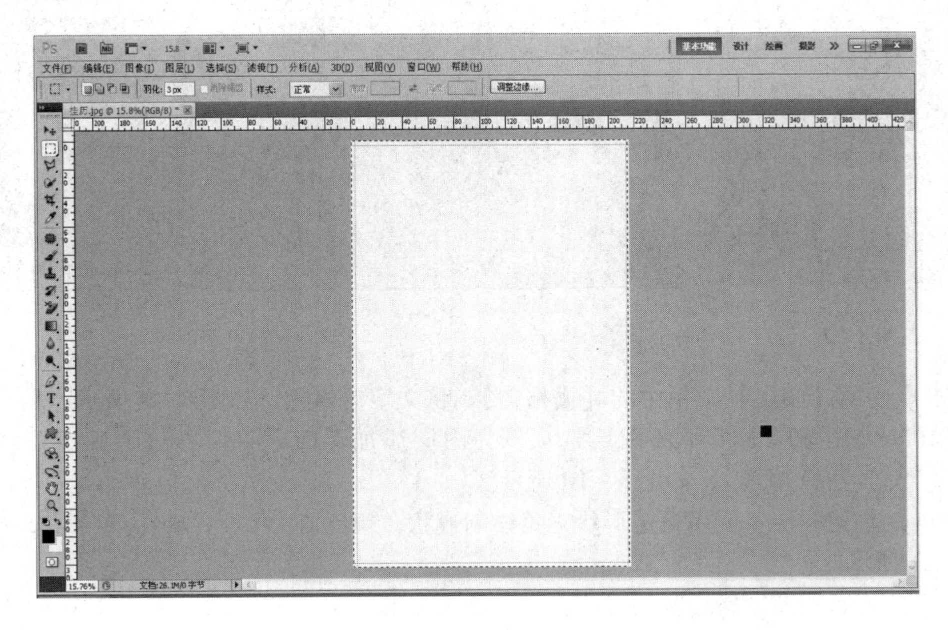

图 8－4

（5）单击前景色按钮，选择颜色，颜色值，如图 8 – 5 所示。

（6）使用快捷键“Alt + Delete”，将前景色填充为黄色，如图 8 – 6 所示。

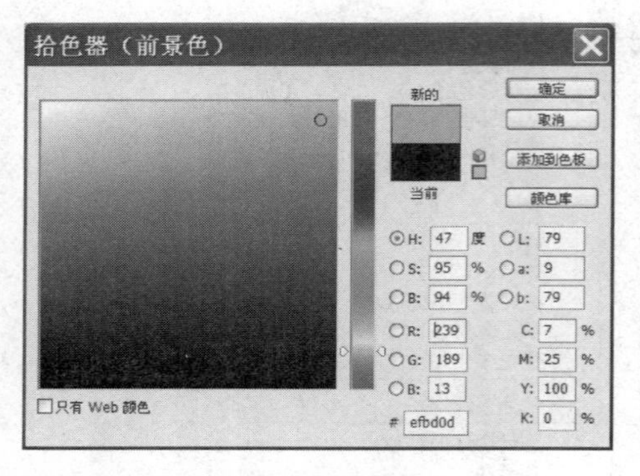

图 8 – 5

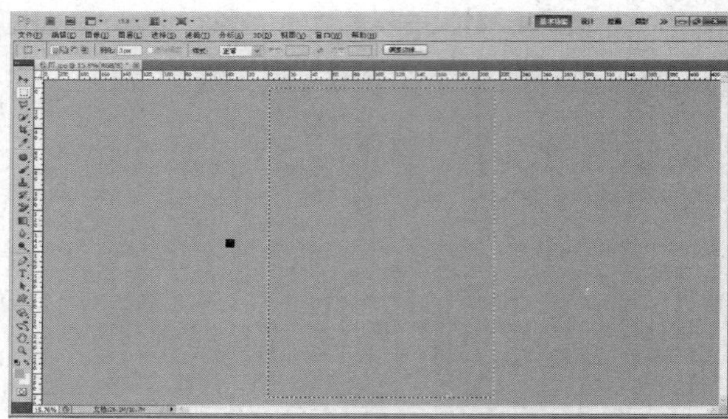

图 8 – 6

（7）使用文字工具，输入文字“吉祥如意”，字体为“华文行楷”，字号 72 点，如图 8 – 7 所示。

（8）用文字工具输入“2016 年”，字体“华文琥珀”，颜色红色，字号 72 点，如图 8 – 8 所示。

图 8 – 7

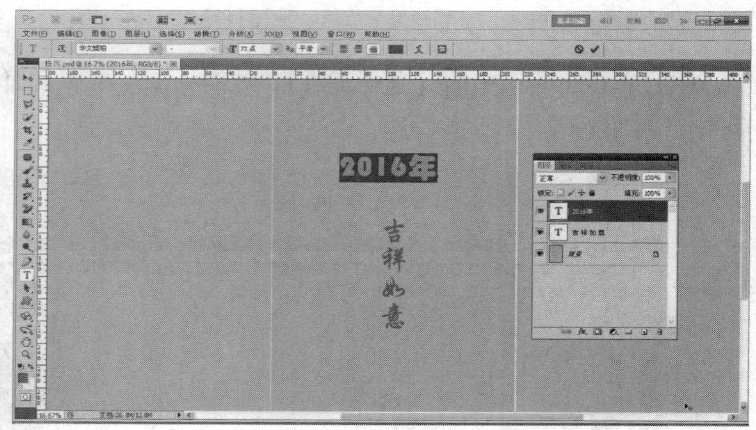

图 8 – 8

（9）使用【图层】菜单中的【栅格化】，将文字栅格化，如图 8 – 9 所示。

（10）使用图层面板中的图层选项，为图层添加浮雕效果，方法“平滑”，深度 100%，大小“70 像素”，如图 8 – 10 所示。

（11）新建图层，使用自定形状工具绘制形状，颜色值为 C28，M0，Y100，K0，如图 8 – 11 所示。

（12）将新建图层所绘制的形状自由变换大小和位置，并将图形置于文字下方，如图 8 – 12 所示，完成日历封面的绘制。

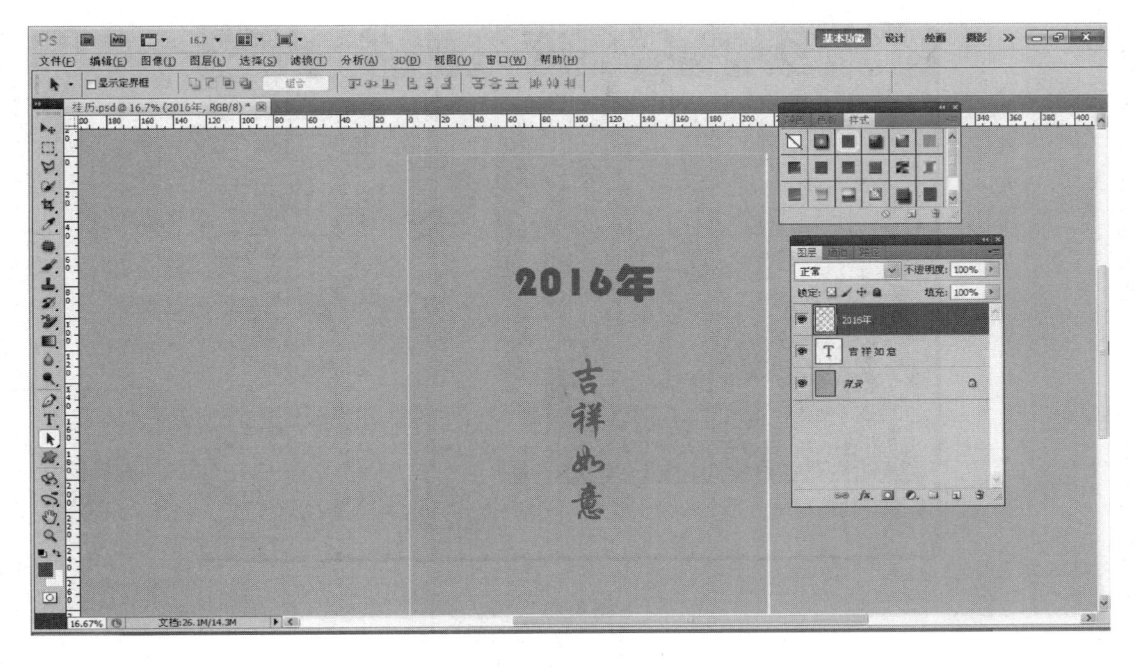
文件(F) 编辑(E) 图像(I) 图层(L) 选择(S) 滤镜(T) 分析(A) 3D(D) 视图(V) 窗口(W) 帮助(H)
基本功能 设计 绘画 摄影
显示定界框
2016年
吉祥如意
正常 不透明度: 100%
锁定: 填充: 100%
2016年
吉祥如意
背景
16.67%
文档:26.1M/14.3M

图 8－9

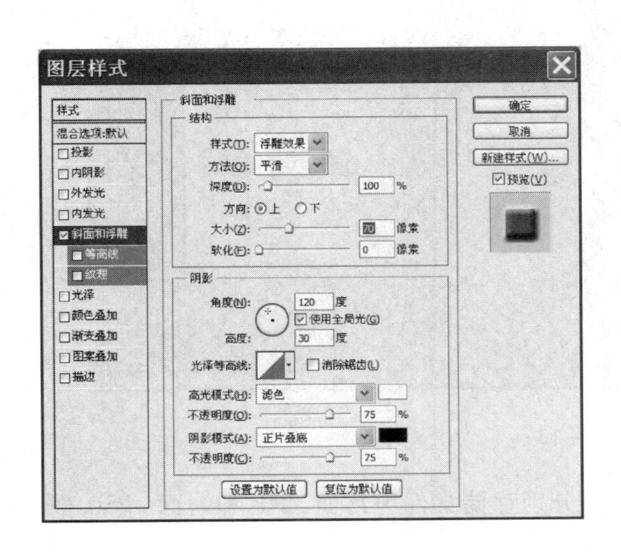
图层样式
样式
混合选项:默认
投影
内阴影
外发光
内发光
斜面和浮雕
等高线
纹理
光泽
颜色叠加
渐变叠加
图案叠加
描边
斜面和浮雕
结构
样式(T): 浮雕效果
方法(Q): 平滑
深度(D): 100 %
方向: 上 下
大小(Z): 70 像素
软化(F): 0 像素
阴影
角度(N): 120 度
使用全局光(G)
高度: 30 度
光泽等高线: 消除锯齿(L)
高光模式(H): 滤色
不透明度(O): 75 %
阴影模式(A): 正片叠底
不透明度(C): 75 %
设置为默认值 复位为默认值
确定
取消
新建样式(W)...
预览(V)

2016年
吉祥如意

图 8－10

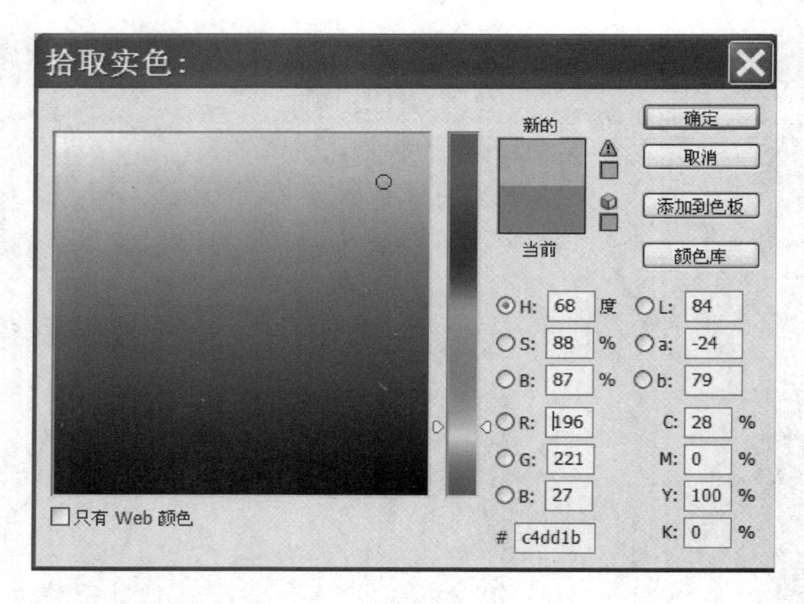

图 8－11

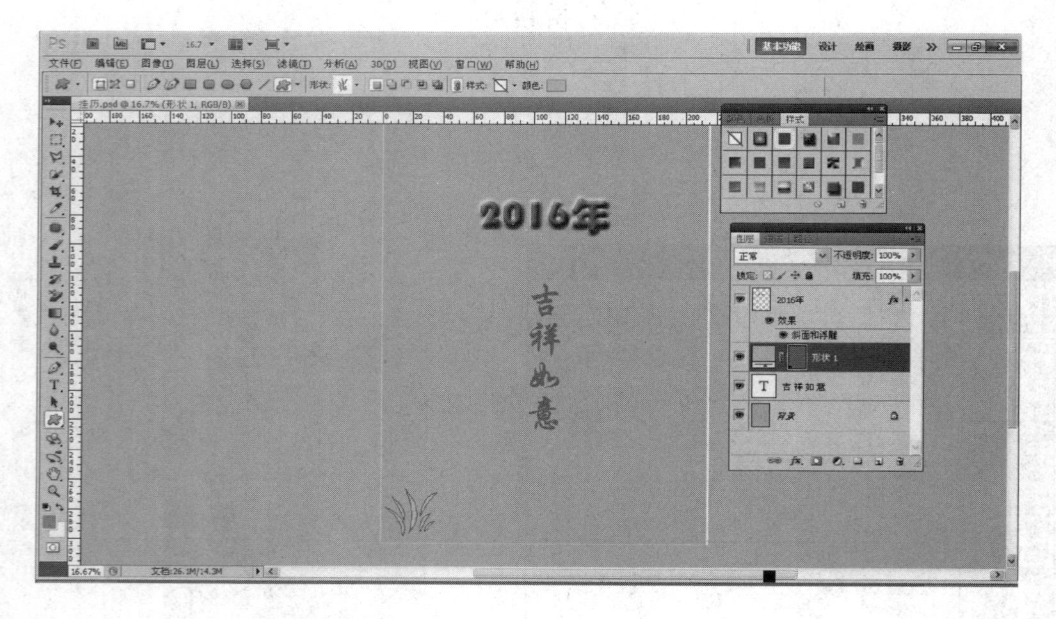

图 8－12

（13）执行【文件】>【存储】命令，分别存储文件为封面 . TIF 和封面 . PSD 格式，参照图 8－13 所示。

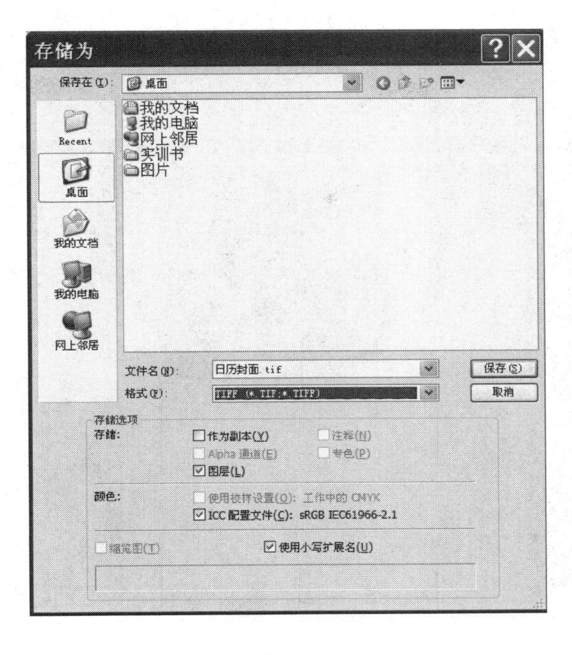

图 8－13

制作日历内页

（14）新建同样大小尺寸（宽 216mm，高 303mm）的文件，命名为内页，如图 8－14 所示。

（15）添加辅助线，如图 8－15 所示。

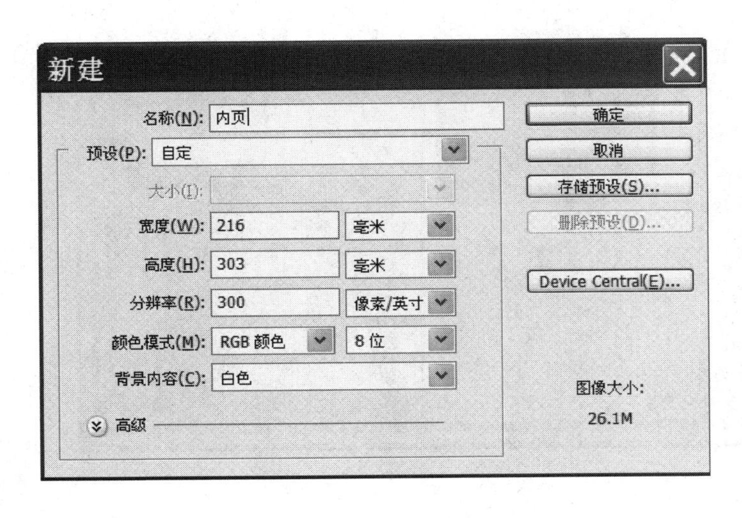

图 8－14

图 8－15

（16）置入素材“山水画 . JPG”文件，放在图 8 – 16 所示的位置。

图 8 – 16

（17）使用文字工具，分别输入月份和年份，字体为“华文新魏”，字号为 60 点，48 点，如图 8 – 17 所示。

图 8 – 17

（18）用文字工具输入英文“JANUARY”，字体“Arial”，字号 48 点，如图 8 – 18

所示。

（19）用文字工具输入星期和日期，效果如图 8－19 所示。

图 8－18

图 8－19

（20）存储文件为内页 . TIF 和内页 . PSD 格式，如图 8－20 所示。

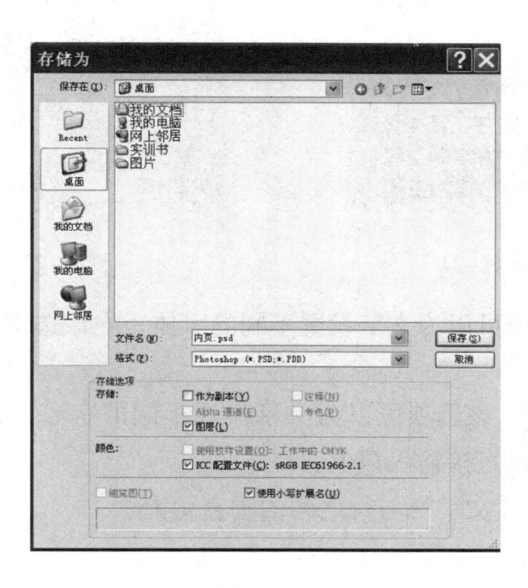

图 8－20

（21）根据需要制作其他的月份。

知识点扩展

1 添加文本

文字是用来记录和传达语言的书写符号，在平面设计中文字除了记录和表达的功能外，更起到美化版面、强化主体的作用，是一个作品的重要组成部分。

（1）文字工具

在 Photoshop 中，如果要创建文字，首先要到工具箱中选取【文字工具】，其中包括四种文字工具，它们分别为“横排文字工具”、“直排文字工具”、“横排文字蒙版工具”和“直排文字蒙版工具”。从文字排列方向上分为“横排文字”和“直排文字”，从文字类型上分为“文字”和“文字蒙版，如图 8－21 所示。

（2）字符调板

在字符调板中可以设置文字的属性，包括字体、字号大小、颜色、字距和行距等，如图 8－22 所示。

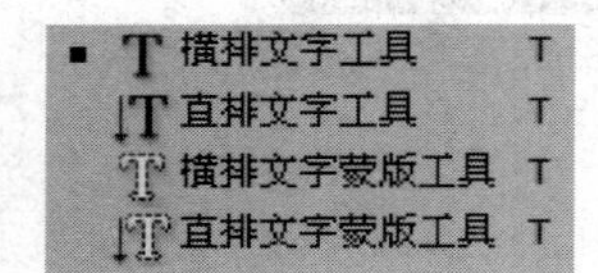

图 8－21

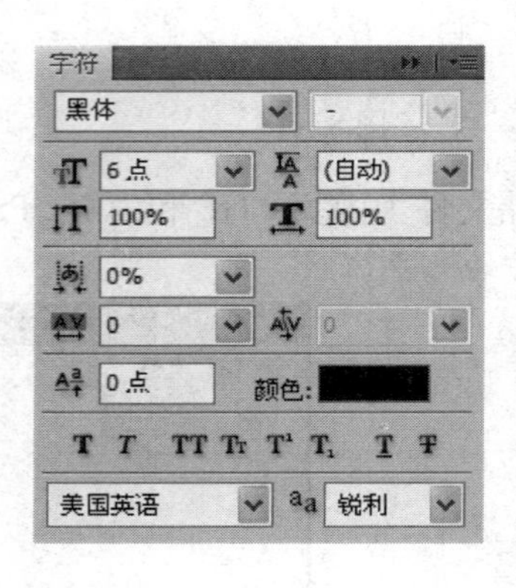

图 8－22

①设置字体：该选项可以为文字设置不同的字体，在该选项的下拉菜单中选择需要的字体。

②设置字号大小：该选项可以为文字设置不同的字号，在该选项的下拉菜单中选择需要的字号，也可以直接输入数值。

③行距：可以设置文字行与行之间的垂直距离。

④垂直缩放/水平缩放：垂直缩放工具用于调整文字的高度，水平缩放工具用于调整文字的宽度，未经过缩放的文字的比例为 100%。

⑤设置所选字符的比例间距：可以设置所选文字的比例间距，范围在 0～100%，数值越高，字符的间距越小。

⑥设置所选字符的字符调整：可以设置文字之间的间距，选中文字后，在该选

项内输入数值，便可调整文字之间的间距。

⑦设置基线偏移：用来设置文字与其基线之间的距离。在该选项中输入正值时，横排文字向上移动，直排文字向右移动，输入负值则相反。

⑧特殊字符样式：这些按钮可以创建仿粗体、仿斜体等文字样式。

a. 仿粗体：可以将当前选择的文字加粗显示。

b. 仿斜体：可以将当前选择的文字倾斜显示。

c. 全部大写字母：可以将当前选择的小写字母变为大写字母显示。

d. 小型大写字母：可以将当前选择的字母变为小型大写字母显示。

e. 上标：可以将当前选择的文字变为上标显示。

f. 下标：可以将当前选择的文字变为下标显示。

g. 下划线：可以在当前选择的文字下方下划线。

h. 删除线：可以在当前选择的文字中间添加删除线。

⑨语言设置：在其右侧的下拉菜单中可以选择不同的国家的语言方式。

(3) 段落调板

在段落调板中可以设置文字的段落属性，包括段落的对齐、缩进和文字行间距等，如图 8－23 所示。

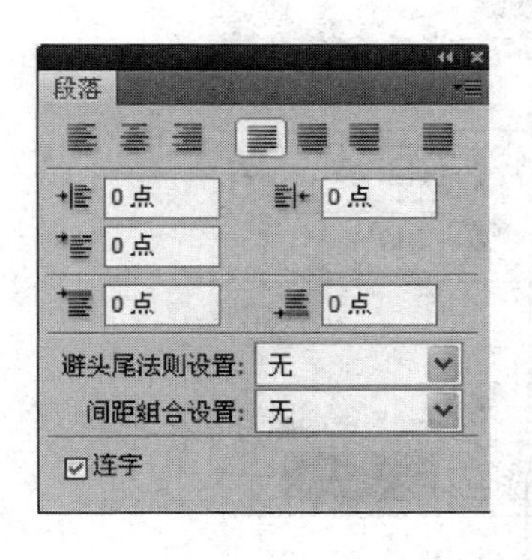

图 8－23

①对齐：可以对齐段落中的文字。

a. 左对齐：段落左侧对齐，右侧不齐。

b. 居中对齐：段落居中对齐，两端不齐。

c. 右对齐：段落右侧对齐，左侧不齐。

d. 最后一行左对齐：段落最后一行左对齐，其他行左右两端强制对齐。

e. 最后一行居中对齐：段落最后一行居中对齐，其他行左右两端强制对齐。

f. 最后一行右对齐：段落最后一行右对齐，其他行左右两端强制对齐。

g. 全部对齐：段落中的所有行两端强制对齐。

②缩进：可以用来缩进文本。

a. 左缩进：段落中的文字左边缩进。

b. 右缩进：段落中的文字右边缩进。

c. 首行缩进：可以缩进段落中的首行文字。

③段前添加空格/段后添加空格：用来调整所选段落与相邻段落之间的间距。

(4) 创建点文字

点文字通常只有一个文字或一行文字，文字的字数较少。在工具箱中选择【横排文字工具】或【直排文字工具】，然后在文档上单击，出现闪动的插入标，就可以直接输入文字了，如图 8－24 所示。或者是在文档中按住鼠标左键，并沿对角线方向右下方拖曳鼠标，松开鼠标后，将会出现一个文本框，文本框内有闪动的插入标，直接输入文字即可，如图 8－25 所示。

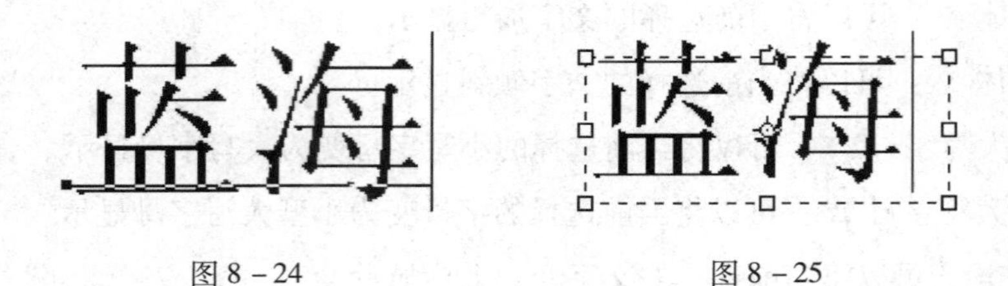

图 8－24　　图 8－25

文字录入完毕，为了设置文字属性，必须先选择文字，在插入光标处按住鼠标左键并左拖曳，直到需要被选中的文字以黑底显示。文字的属性包括字体、字号、颜色等，使用字符调板可以很方便地设置文字属性，如图 8－26 所示。

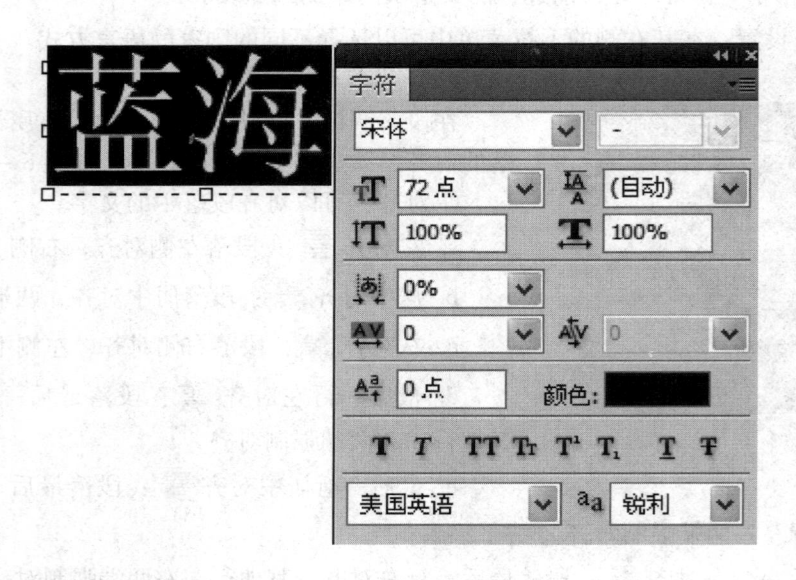

图 8－26

（5）创建段落文字

段落文字是指末尾带有回车的任何范围的文字，一段可能有很多行文字，在处理文字量较大文本时，使用段落有很大的优势。选择【文字工具】后，在文档中用鼠标拖曳出一个文本框，输入文字即可，如图 8－27 所示。

如果想继续输入文字，而文本框又不够大时，可以拖曳其右下角的控制点，将文本框拉大，如图 8－28 所示。

当文字输入完毕后，按“Ctrl + A”组合键，将文字全选后，可以使用段落调板设置段落的属性，包括段落的对齐、缩进和行间距等，如图 8－29 所示。

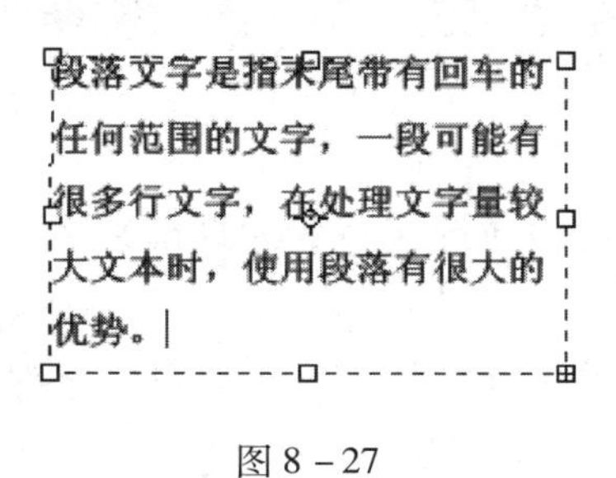

图 8－27

图 8－28

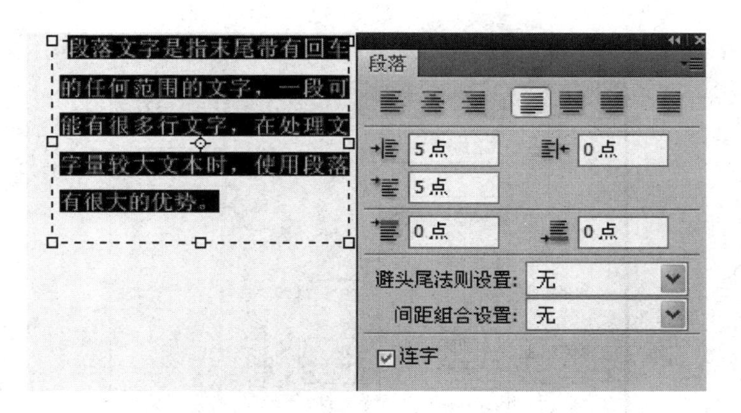

图 8－29

（6）创建路径文字

在路径上输入的文字被称为路径文字，它会按照路径的形状排列，既可以在未封闭的路径上输入文字，也可以在封闭的路径上输入文字。

选择工具箱中的【钢笔工具】，在空白文档中绘制一条路径，再选择工具箱中的文字工具，将光标放在路径的一端，当出现先动光标 时，如图 8－30 所示，单击鼠标左键，输入文字即可，如图 8－31 所示。

图 8－30　　图 8－31

（7）文字工具选项栏

文字工具选项栏也可以设置文字的属性，如图 8－32 所示。选项栏中的一些功能和字符调板中的一些功能是重复的，如字体、字号以及颜色的设置等，下面介绍其他选项。

图 8－32

①更改字体方向：单击此按钮，可将当前的横排文字变为直排文字，也可将当前的直排文字变为横排文字。

②设置文字变形：选中输入的文字后，单击此按钮，弹出变形文字对话框，在对话框中为文字设置变形样式，皆可创建变形文字，如图 8－33 所示。

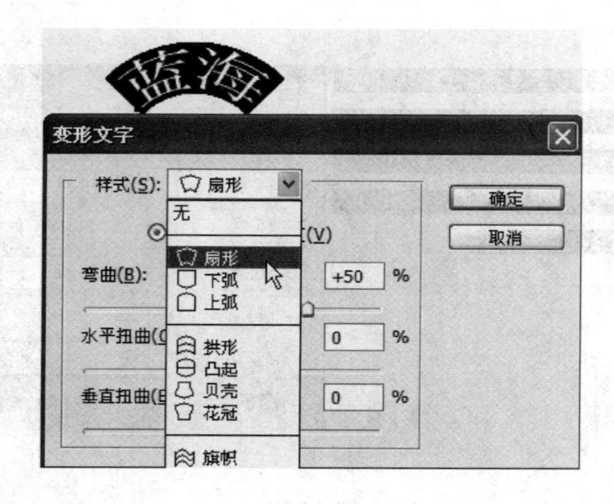

图 8－33

独立实践任务　2 课时

任务二　设计制作个性台历

任务背景

为新年制作个性化风格台历。

任务要求

能够制作出合适尺寸、画面要有一定的亲和力，以起到吸引消费者注意并达到购买的目的。

任务分析

作为一种大众化的商品，其设计风格应符合大众的欣赏品位，以整齐、喜庆、产品内容齐备为主导方向。

任务参考效果图〉〉

项目九 海报设计与制作
——Photoshop 综合知识的应用

任务参考效果图〉〉

能力目标

1. 使用选框工具组编辑图像内容。
2. 对图像进行变形、涂抹等编辑方法。

软件知识目标

1. 掌握各种图像编辑的方法。
2. 掌握编辑变形图形效果的方法。

专业知识目标

1. 了解海报作品的构成。
2. 如何利用色彩命令来平衡画面效果。

课时安排

6 节课（讲 3 课时，实践 3 课时）

模拟制作任务 3 课时

任务一 设计制作杂志海报

任务背景

为某古风杂志设计制作一张宣传海报。

任务要求

要求画面优美，并展示出杂志的古典特点。

任务分析

设计作品使用背景效果和图形制作的方式进行展示。

本案例的难点

图形特殊形状的制作

操作步骤详解

制作背景

（1）打开 Photoshop 软件，执行【文件】>【新建】命令，在弹出的新建对话框中设置名称为“杂志海报”，【高度】和【宽度】分别为“576 毫米”和“846 毫米”，【分辨率】为“300 像素/英寸”，【颜色模式】为“RGB 颜色”，如图 9－1 所示。

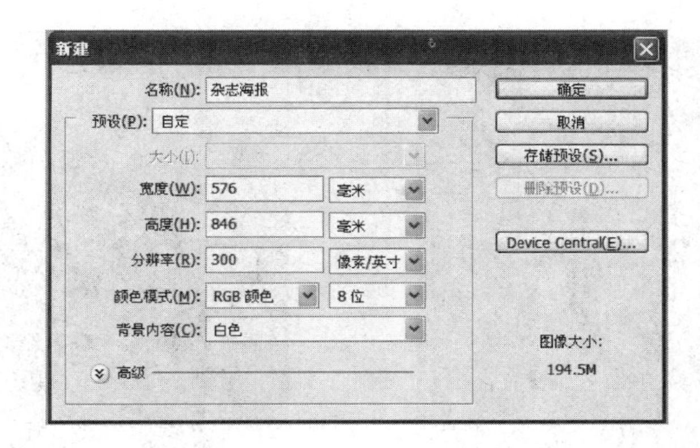

图 9－1

（2）选择【渐变工具】，工具选项栏中单击【渐变编辑器】按钮，弹出【渐变编辑器】对话框，如图 9－2 和图 9－3 所示。单击【色标】选项组下的【颜色】色块，弹出【选择色标颜色】对话框，在其中设置起始渐变和结束渐变颜色为“e3dcc2”，中间色为“b5a97f”。

图 9－2

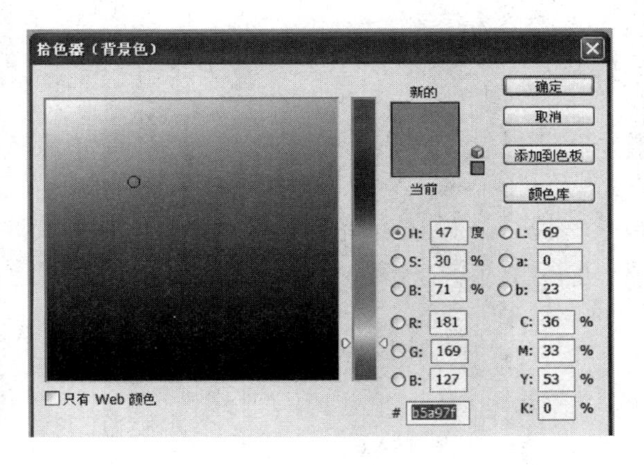

图 9－3

（3）对“背景图层”做【线性渐变】命令，如图 9－4 所示。

（4）选择工具箱中的【加深工具】，在背景中间涂抹，使颜色加深具有层次感，如图 9－5 所示。

（5）新建图层，将图层命名为“荷花”。选择工具箱中的【选框工具组】，画一个正圆，如图 9－6 所示。

（6）选择【选择】＞【变换选区】命令，按住“Ctrl + Shift + Alt”组合键，拖动鼠标进行变形，如图 9－7 所示。

图9－4

图9－5

图9－6

图9－7

（7）选择【渐变工具】，工具选项栏中单击【渐变编辑器】按钮，弹出【渐变编辑器】对话框。单击【色标】选项组下的【颜色】色块，弹出【选择色标颜色】对话框，在其中设置起始渐变颜色为“e96b9f”，结束渐变颜色为“f9d06f”，如图9－8和图9－9所示。

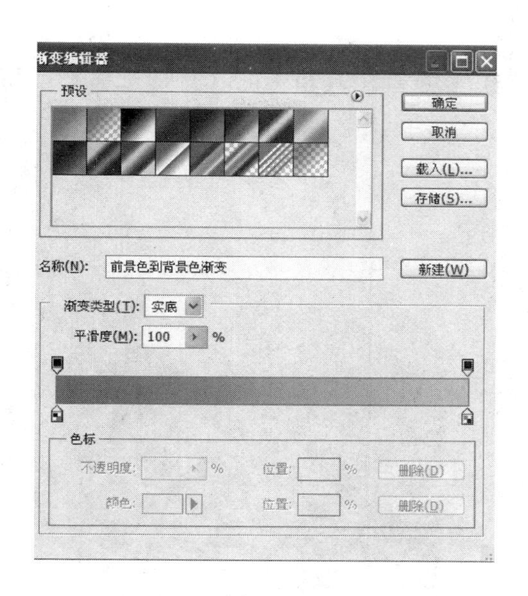

图 9－8

图 9－9

（8）选择工具箱中的【加深工具】，在花瓣上部进行涂抹，使其具有立体感。选择工具箱中的【涂抹工具】，在花瓣由上至下进行涂抹出花瓣的纹路，如图 9－10 所示。

（9）选择【编辑】>【自由变换】命令，或按“Ctrl＋T”组合键，对花瓣进行变形，如图 9－11 所示。

图 9－10

图 9－11

（10）按下“Ctrl＋J”组合键复制花瓣，再按“Ctrl＋T”组合键进行变形、旋转，如图 9 – 12 所示。

（11）新建图层，将图层命名为“荷花秆”。选择工具箱中的【矩形选框工具】画一个矩形选区，如图 9 – 13 所示。

图 9 – 12

图 9 – 13

（12）选择【渐变工具】，工具选项栏中单击【渐变编辑器】按钮，弹出【渐变编辑器】对话框，如图 9 – 2 和图 9 – 3 所示。单击【色标】选项组下的【颜色】色块，弹出【选择色标颜色】对话框，在其中设置起始渐变和结束渐变颜色为“b4d465”，中间色为“41b56c”。如图 9 – 14 和图 9 – 15 所示。

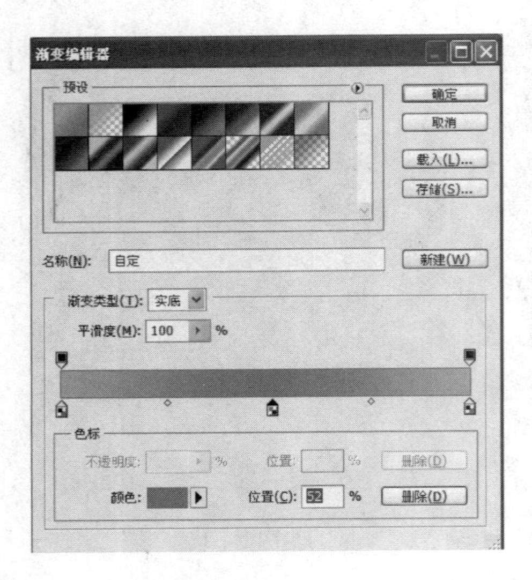

图 9 – 14

图 9 – 15

（13）选择工具箱中的【画笔工具】，选择笔刷直径大小为25px，在荷花秆上画不规则的黑点。然后，选择【编辑】>【描边】命令，前景色设置为“黑色”，宽度为“1px”描边荷花秆，如图9－16和图9－17所示。

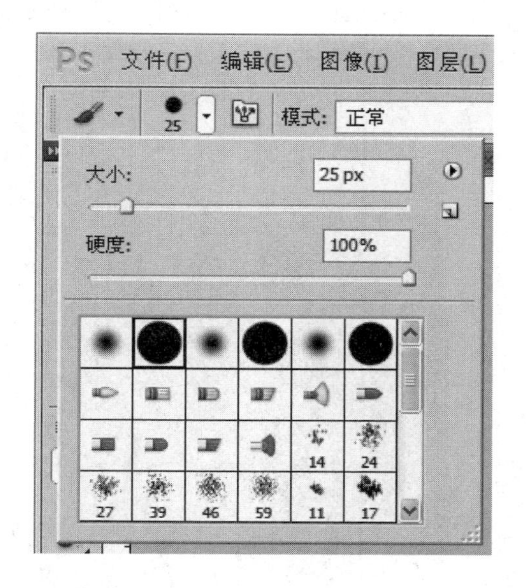

图9－16

图9－17

（14）选择【滤镜】>【扭曲】>【切变】命令，对荷花秆进行变形，如图9－18和图9－19所示。

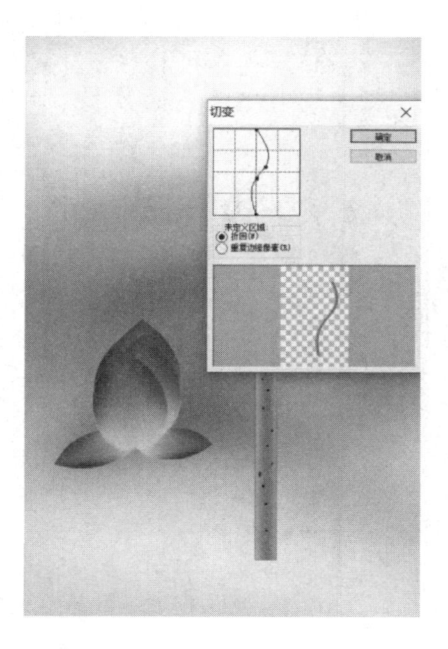

图9－18

图9－19

（15）重复以上步骤，画出另一枝荷花，如图9-20所示。

（16）选择【文件】>【打开】命令，载入“荷叶”图片素材，按下“Ctrl+U”组合键调整荷花颜色，如图9-21和图9-22所示。

（17）选择工具箱中的【加深工具】，在荷花中心涂抹出阴影，如图9-23所示。

图9-20

图9-21

图9-22

图9-23

（18）选择工具箱中的【画笔工具】，单击【画笔样式】对话框，选择扩展菜单中的“载入画笔”载入“水滴波纹”画笔样式，如图 9－24 所示。

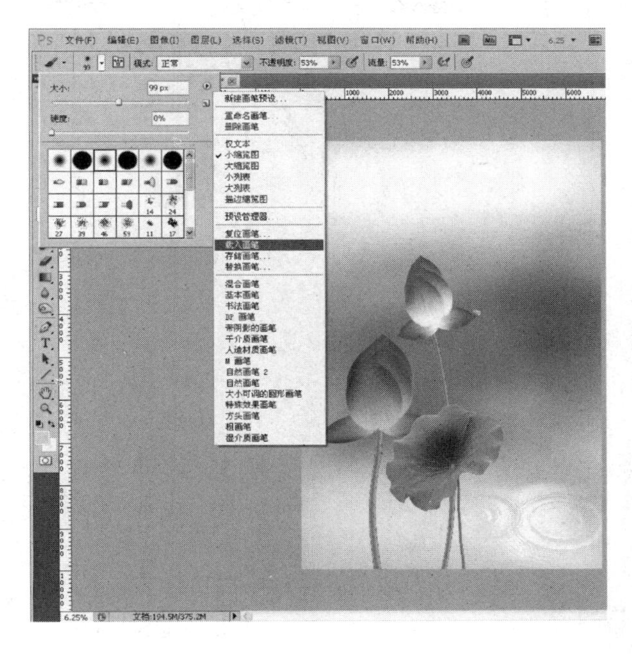

图 9－24

（19）选择【画笔工具】在右下角画出“水波”，如图 9－25 所示。

（20）选择【文件】>【打开】命令，打开“蜻蜓”素材，如图 9－26 所示。

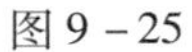

图 9－25

图 9－26

（21）选择工具箱中的【T 文字工具】打上文字，调整其大小后放置合适位置，如图 9－27 所示。

（22）至此完成对海报的设计，如图 9－28 所示。

图 9－27

图 9－28

知识点扩展

1 图层知识

（1）图层概述与图层调板

①图层的概述

图层是功能是 Photoshop 重要的功能之一，几乎所有的图像效果都是以图层为依托，图层功能的加入大大拓展了设计师的思维，丰富了设计师的手法，创造出了更加绚丽梦幻的效果。

②图层调板

图层的类型包括：背景层、普通层、文本层，图层组等，如图 9－29 所示。

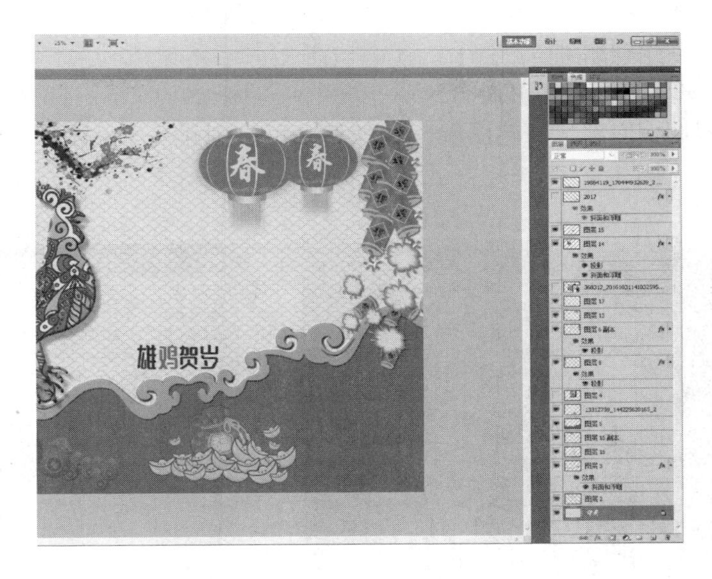

图 9－29

a. 背景图层：一幅画面只能有一个背景图层，默认情况下，背景图层处于锁定状态，不能被编辑。可将背景图层转换为一个普通图层，选择【图层】>【新建】>【背景图层】命令，弹出图层新建对话框，单击“确定”按钮，背景图层被转成了普通图层，如图 9－30 所示。

图 9－30

b. 普通图层：普通图层可被编辑，可以对普通图层进行移动、复制，调整其不透明度等编辑动作。

c. 文字图层：带有文字的图层。

d. 图层组：图层组中可包含多个图层，以便于管理和编辑。

（2）图层的创建与删除

①图层的新建通常有以下几种方法

a. 单击图层调板底部“新建图层”的按钮，可以创建一个新图层，如图 9－31 和图 9－32 所示。

图 9－31

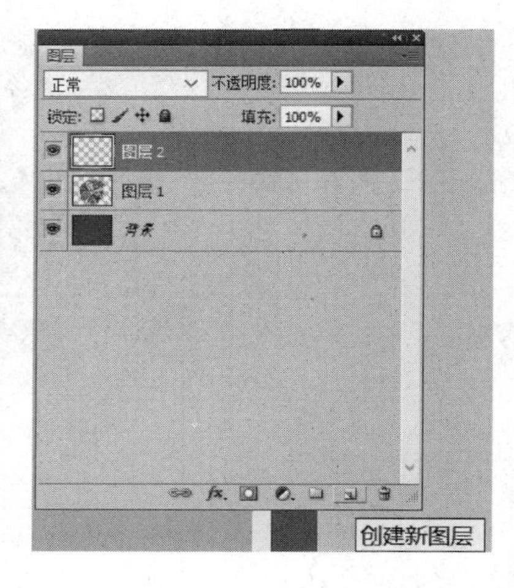

图 9－32

b. 在图层调板上，单击调板右上方的小三角，在弹出的下拉菜单中选择【新建图层】命令，可新创建一个图层，如图 9－33 所示。

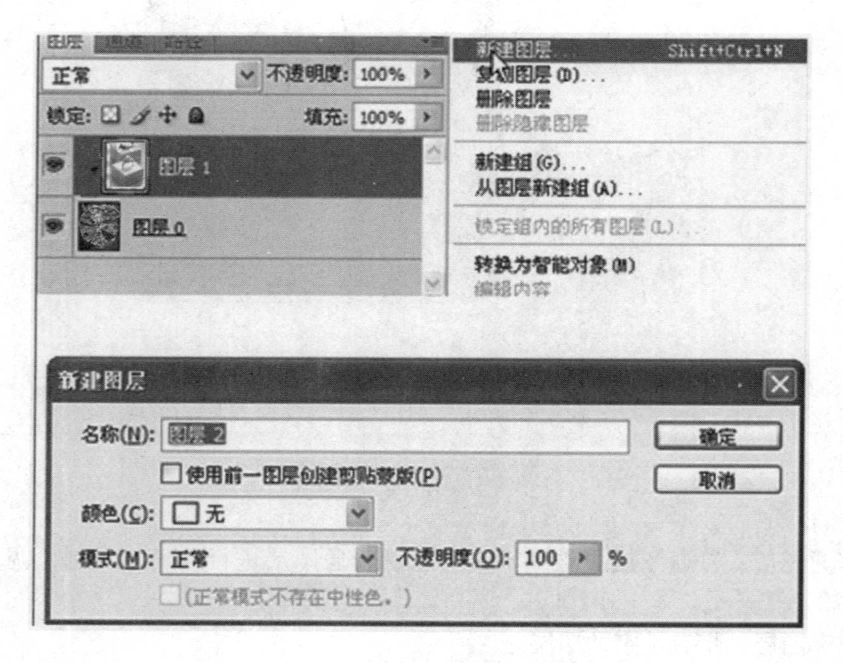

图 9－33

c. 选择【图层】>【新建】>【图层】命令，可以创建一个新图层，如图 9－34 所示。

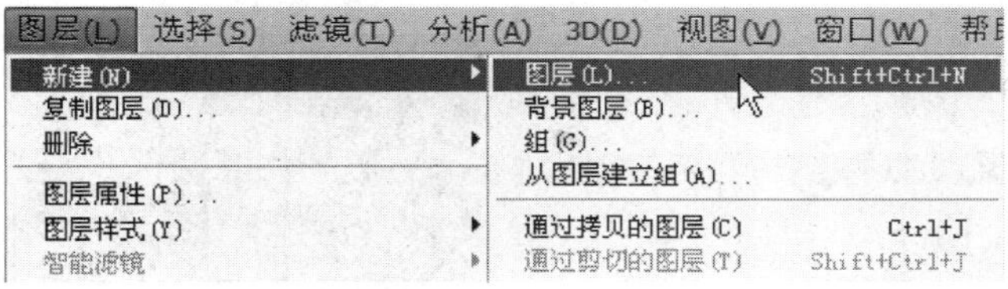

图 9－34

d. 通过拷贝、粘贴获得新普通层：先在拷贝的图上建立选区，选择【编辑】>【拷贝】命令，如图 9－35 所示，将工作界面切换至要合成的图片，选择【编辑】>【粘贴】命令，图像被粘贴到合成图中，并且自动在背景层上建立一个新的普通层，如图 9－36 所示。

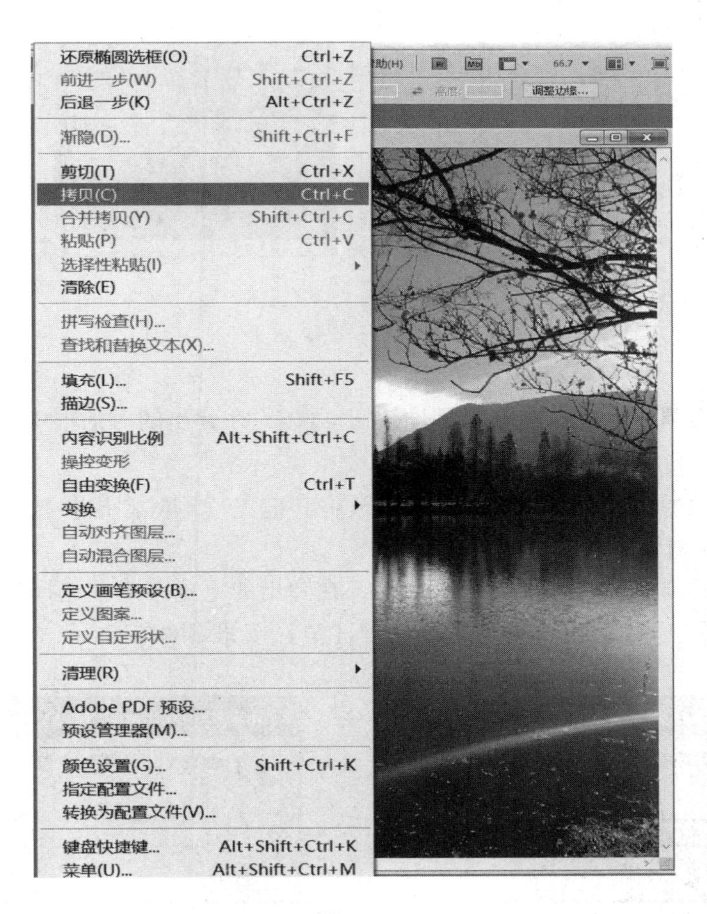

图 9－35

图 9－36

②图层的删除通常有以下几种方法

a. 单击图层调板中的【删除图层】按钮，在弹出的对话框中，如图 9－37 所示，单击【是】按钮，便可以删除图层。

b. 在要删除的图层上按住鼠标左键不放将其拖曳【删除图层】按钮上，松开鼠标可以直接删除该图层。

c. 单击图层调板右上角的三角形按钮，在弹出的下拉菜单中选择【删除图层】命令，弹出对话框中，如图 9－38 所示，单击【是】按钮删除图层。

图 9－37

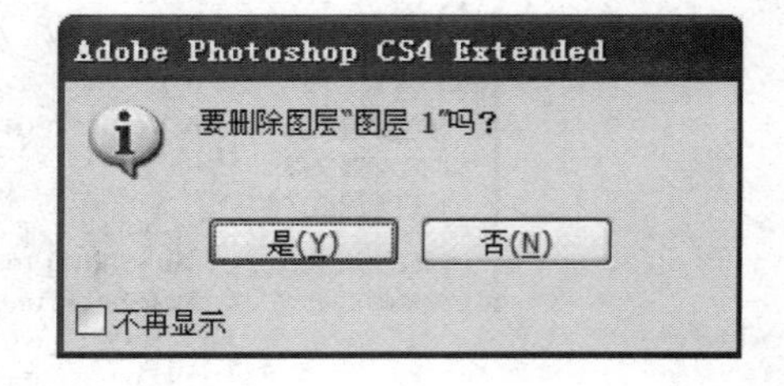

图 9－38

d. 可以利用菜单命令删除图层。选择【图层】>【删除】>【图层】命令，如图 9－39 所示，在弹出的对话框中，如图 9－40 所示，单击【是】按钮删除图层。

图 9－39

Adobe Photoshop CS4 Extended
要删除图层"图层 1"吗？
是(Y) 否(N)
不再显示

图 9－40

(3) 图层的显示与隐藏

①在图层调板中当图层前的眼睛图标为此状态时，将显示这个图层；单击鼠标左键，图层前的眼睛图标被关掉，将隐藏这个图层。

②选择【图层】>【显示图层】或【隐藏图层】命令，如图 9－41 和图 9－42 所示，就可以显示或隐藏此图层。

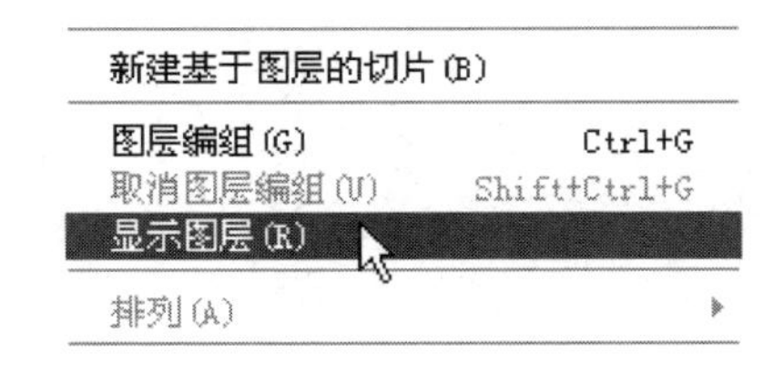

图 9－41

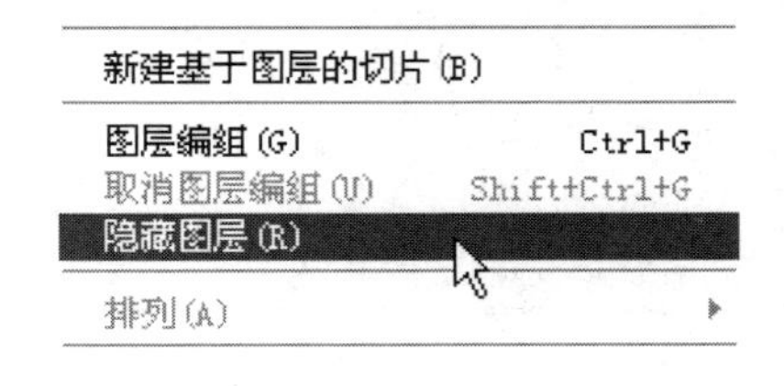

图 9－42

(4) 图层锁定

单击【图层】调板上的锁定栏中的按钮，如图 9－43 所示。

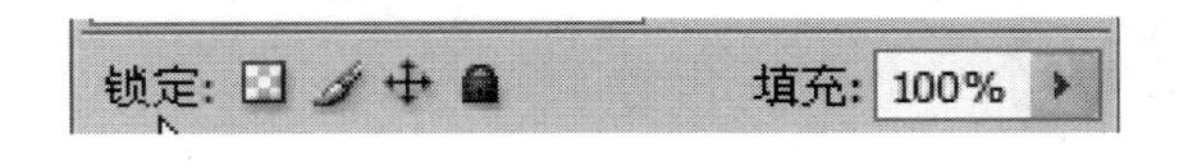

图 9－43

①锁定透明像素：单击要锁定的图层使其蓝显，再单击“锁定透明像素”。当锁定图层后就可以在此图层上修改，而不会影响到其他图层。

②锁定图像像素 ：单击要锁定的图层使其蓝显，再单击“锁定图像像素”，便可以锁定图层中的图像，但可以调整图层的位置。

③锁定位置 ：单击要锁定的图层使其蓝显，再单击“锁定位置”，便可以锁定图层中的图像位置，但可以对图层中的图像进行编辑。

④锁定全部 ：单击要锁定的图层使其蓝显，再单击“锁定全部”，图层将不能进行编辑。

⑤填充 填充: 100% ：单击要锁定的图层使其蓝显，可以修改填充的百分比。

（5）图层的顺序调整

直接用鼠标拖动图层上下移动可改变图层间的排列顺序，用鼠标点中“图层 2”并拖动它向下移，直到“图层 2”的下线变黑后，如图 9－44 所示。松开鼠标，则“图层 2”被放到了“图层 1”的下面，如图 9－45 所示。

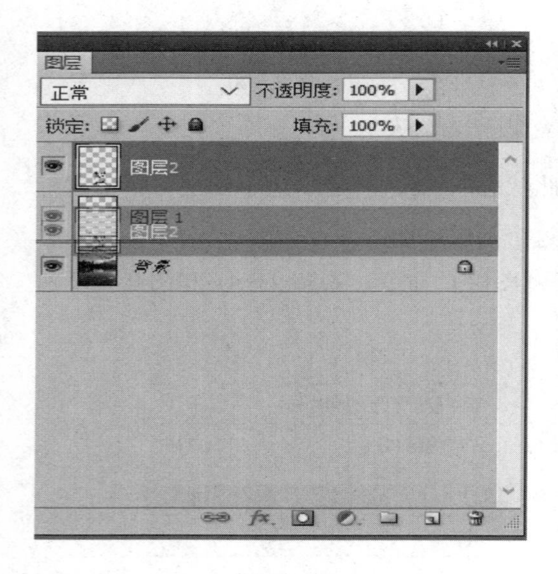

图 9－44

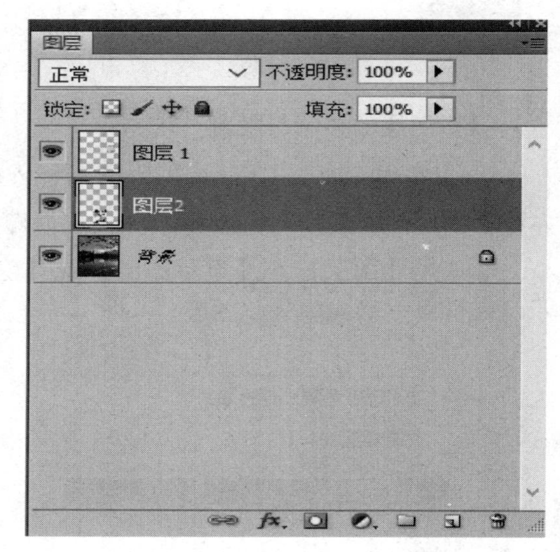

图 9－45

（6）图层的链接

选中要链接的两个或多个图层，单击【图层】调板左下角的按钮 ，可以链接图层，如图 9－46 所示。若想取消图层的链接再单击一下此按钮 ，便可以取消链接。

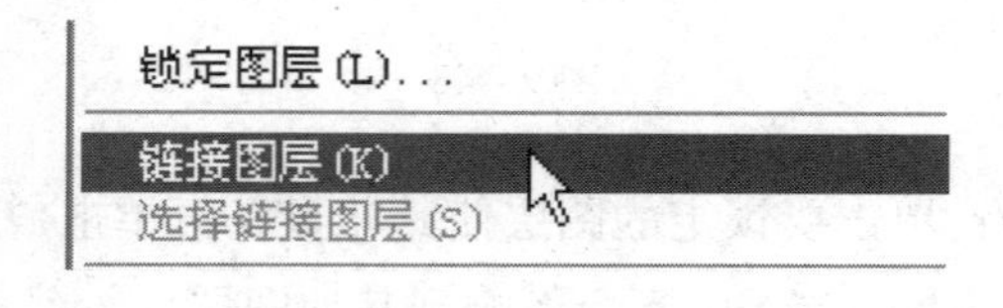

图 9－46

(7) 图层组

图层组是图层的组合，主要用于组织和管理连续图层。图层组与图层的操作相似。

①单击【图层】调板下边的按钮，可以新建组。

②选择【图层】>【新建组】，就可以新建组，如图 9 – 47 所示。

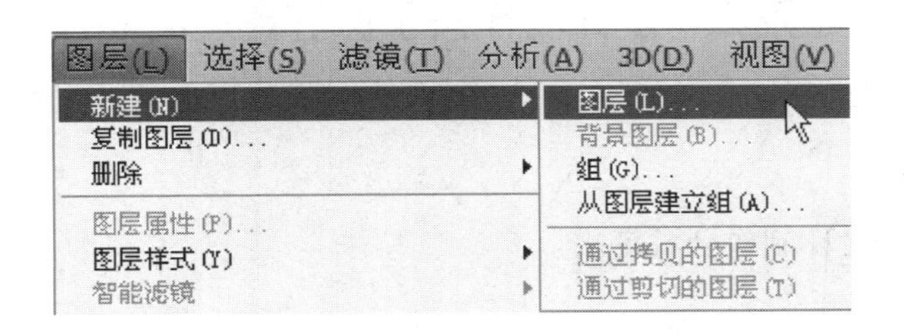

图 9 – 47

③单击【图层】调板右上角的三角形按钮，在弹出的下拉菜单中选择【新建组】命令，在弹出的对话框中，单击“确定”按钮，便可以新建组，如图 9 – 48 所示。

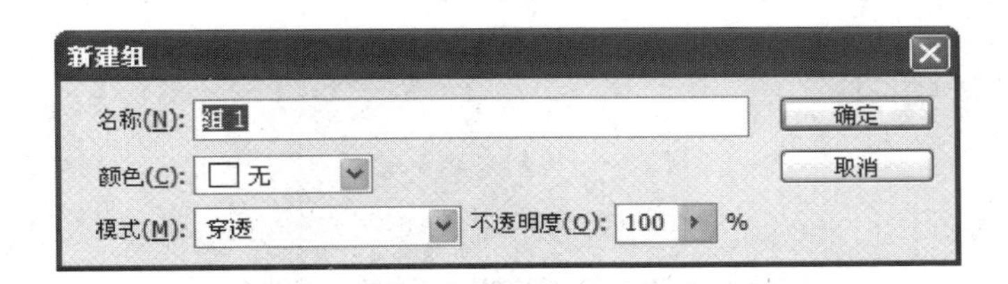

图 9 – 48

(8) 文字图层

①文字图层

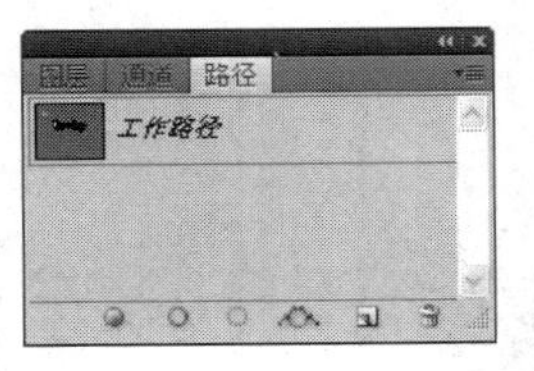

图 9 – 49

当输入一段点文字或段落文字后，打开图层调板，图层调板中出现一个文字图层。它可以被复制、删除，可以改变图层顺序，可以与其他图层组成剪贴组进行变换操作，给图层添加各种蒙版，添加各种样式和效果图等。

②文字转换为路径

选择文字图层，选择【图层】>【文字】>【创建工作路径】。打开路径调板，出现一个【工作路径】，工作路径是出现在路径调板中的临时路径。基于文字图层创建工作路径之后，就可以像任何其他路径那样存储和操作该路径了，如图 9 – 49 所示。

独立实践任务 3课时

任务二 设计制作关于保护环境的海报

任务背景

为某环保组织设计制作公益海报。

任务要求

要通过生动的画面形象，描述出环境保护的重要性。

任务分析

画面可考虑以蓝色为主色调，从色彩上拉近人们的距离，唤起人们对自然的热爱。

任务参考效果图〉〉

参 考 文 献

1. 新知互动．平面广告设计与印前技术[M]．北京:中国铁道出版社，2016

2. 宋协祝,白研华,图文处理及制版[M]．北京:印刷工业出版社，2008

3. 达达视觉．PHOTOSHOP CS4 完美创意设计[M]．北京:科学出版社，2009

4. 架构科技．中文版 InDesign. CS3 完全自学手册[M]．北京:电子工业出版社,2009

5. 高建光,任翀宇,夏梅．平面设计印前工艺指南[M]．北京:清华大学出版社,2011

6. 肖红力,张宝飞,赵一兵．InDesignCS5 版式设计师标准实训教材[M]．北京:文化发展出版社,2012

7. 思雨工作室．InDesign CS3 设计与制作深度剖析[M]．北京:清华大学出版社,2009

8. 曹国荣．设计 + 制作 + 印刷 + 商业模版 InDesign 典型案例(第 2 版)[M]．北京:人民邮电出版社,2011

9. 锐艺视觉．新世纪 Photoshop CS2 中文版应用教程[M]．北京:电子工业出版社,2006

10. 丁海祥．计算机平面设计实训[M]．北京:高等教育出版社,2005

11. 张怒涛．Photoshop 平面设计图像处理技法[M]．北京:清华大学出版社,2003

12. 曹雁青,杨聪．Photoshop 经典作品赏析[M]．北京:北京海洋智慧图书有限公司,2002

13. 九州书源．CoreDRAW 平面设计[M]．北京:清华大学出版社,2011

14. 王红卫,李红梅．CoreDRAW X4 案例实战从入门到精通[M]．北京:机械工业出版社,2009

15. 叶军．CoreDRAW X6 实例教程[M]．北京:人民邮电出版社,2014

16. 方晨．CoreDRAW X3 中文版实例教程[M]．上海:上海科学普及出版社,2007

17. 亿瑞设计．PhotoshopCS6 从入门到精通(实例版)[M]．北京:清华大学出版社,2013

18. 唯美映像．PhotoshopCS6 平面设计自学教程[M]．北京:清华大学出版社,2015

19. 周建国．Photoshop + CoreDRAW 平面设计创作实例教程[M]．北京:人民邮电出版社,2009

20. 史晓云,王慧．CoreDRAW X4 基础运用与设计实例[M]．北京:北京大学出版社,2010